JIAONI QINGSONGKAN TUZHI

薛孝东 主编

教你轻松看图纸

建筑施工图

U0246715

中国电力出版社
CHINA ELECTRIC POWER PRESS

内 容 提 要

本书主要讲述了建筑图纸识读，全书共分为三章，第一章建筑施工图基础知识，介绍了建筑施工图的概念、图纸的构成内容、建筑施工的特点；第二章建筑施工图识读，不仅总结了建筑施工图识读步骤与技巧，还按建筑施工图实际组成部分逐个进行介绍，并配以范例辅以形象的说明和讲解；第三章工程实例，以一套完整的建筑施工图展示了建筑结构施工图的整体效果，更附有导读，悉心地给出以读图指导、要点提示等信息。

本书适合从事建筑结构设计、施工、管理等人员学习参考，也可以作为高等院校相关专业用书。

图书在版编目（CIP）数据

建筑施工图／薛孝东主编 .—北京：中国电力出版社，2016.5（2023.6 重印）
（教你轻松看图纸）
ISBN 978-7-5123-8705-8

Ⅰ. ①建… Ⅱ. ①薛… Ⅲ. ①建筑制图-识图 Ⅳ. ①TU204

中国版本图书馆 CIP 数据核字（2015）第 315552 号

中国电力出版社出版发行

北京市东城区北京站西街 19 号　　100005　　http:／／www.cepp.sgcc.com.cn
责任编辑：未翠霞　　　联系电话：010-63412611
责任印制：杨晓东　　　责任校对：王开云
北京天宇星印刷厂·各地新华书店经售
2016 年 5 月第 1 版·2023 年 6 月第 8 次印刷
787mm×1092mm　1/16·10.5 印张·231 千字
定价：38.00 元

教你轻松看图纸
建筑施工图

前　言

对于建筑从业人员而言熟悉施工图纸是一项非常重要的专业技能。对于刚参加工作和工作很多年但不在施工现场的工程师乍一看施工图是有点"丈二和尚摸不着头脑"的感觉。其实施工图并不难看懂，难就难在没有耐心和兴致看下去。

本书的编写目的主要有三个：一是培养读者具备按照国家标准，正确阅读和理解施工图的基本能力；二是培养读者具备理论与实践相结合的能力；三是培养读者具备对于空间布局的想象能力。

本书遵循认知规律，将工程实践与理论基础紧密结合，以新规范为指导，通过大量的图文结合，循序渐进地介绍了施工图识读的基础知识及识图的思路、方法、流程和技巧。本书通过识图范例，对各类施工图进行讲解，可以使读者接触大量工程实例，以便快速提高实践中的识图能力。

本书为《教你轻松看图纸》丛书之一，为了更加突出应用性强、可操作性强、实践性强的特点，在书中第三章提供了一套完整的工程实例，以便读者结合真实现场情况，系统地掌握相关知识。

本套丛书共分四册，分别是《建筑施工图》《建筑结构施工图》《建筑电气施工图》《建筑水暖施工图》。

本书由薛孝东主编，陈伟、张海鹰、高海静、葛新丽、张正南、李芳芳、刘海明、吕君、张蔷等参加了编写。

由于编写时间的仓促，作者编写水平有限，书中疏漏之处在所难免，恳请广大同仁及读者不吝赐教，在此谨表谢意。

编　者

教你轻松看图纸
建筑施工图

目　录

第一章

建筑施工图基础知识

第一节 建筑工程概述

一、房屋的分类

1. 按照使用性质分类

按照使用性质可以把房屋分为三大类：工业建筑、民用建筑、农业建筑（表1-1）。

表1-1 按照使用性质分类

项 目	内 容
工业建筑	工业建筑是供人们从事各种工业生产的建筑。它包括工厂生产用的厂房、辅助用房及构筑物。生产用的厂房主要是指生产车间；辅助用房包括仓库、锅炉房、变配电所等；构筑物是除房屋以外的建筑物，如烟囱、水塔、冷却塔、栈桥、皮带廊等
民用建筑	民用建筑是供人们生活、办公、文化娱乐、医疗、商业、旅游、交通等活动的房屋。它又可以分为居住建筑和公共建筑。 居住建筑是供人生活起居的建筑物，是建筑数量最大的房屋建筑，如住宅楼、宿舍楼、公寓等。 公共建筑是供人们进行各项社会活动的建筑物，这类建筑种类最多、范围最广，它又可以根据使用功能分为办公建筑、文化建筑、幼托建筑、科研建筑、体育建筑、商业建筑、旅游建筑、交通建筑、邮电建筑、园林建筑等
农业建筑	农业建筑是供人们从事农牧业生产的建筑，它可以分为种植类建筑（如温室、农机站、粮仓等）和养殖类建筑（如牛棚、养鸡场等）

2. 按照房屋主体结构所使用的建筑材料分类

按照房屋主体结构所使用的建筑材料分类可以分为五大类：木结构、砖木结构、砌体结构、钢筋混凝土结构、钢结构（表1-2）。

表1-2 按照房屋主体结构所使用的建筑材料分类

项 目	内 容
木结构	木结构是指单纯由木材或主要由木材承受荷载的结构。我国的古建筑大多采用木结构
砖木结构	砖木结构是指建筑物中竖向承重结构的墙、柱等采用砖或砌块砌筑，楼板、屋架等采用木结构

项 目	内 容
砌体结构	砌体结构是指用砖砌体、石砌体或砌块砌体建造的结构。目前，我国多层的房屋大多都采用这种结构
钢筋混凝土结构	钢筋混凝土结构是指由钢筋和混凝土两种材料结合成整体共同受力的结构。目前，大型的商业、办公等建筑，以及高层建筑大多采用这种结构形式
钢结构	钢结构是指由型钢和钢板通过焊接、螺栓连接或铆接而制成的结构。一些大跨度建筑和超高层建筑的主体结构都是用钢结构作为受力构件，如深圳地王大厦、上海金茂大厦、上海环球金融中心等

3. 按照房屋的结构型式分类

按照房屋的结构型式分类可以把房屋分为六大类：砌体结构、框架结构、剪力墙结构、框架-剪力墙结构、筒体结构、大空间结构（表1-3）。

表1-3 按照房屋的结构型式分类

项 目	内 容
砌体结构	砌体结构是用砖、石砌成墙体或柱子作为竖向承重，用钢筋混凝土的梁和板作为横向承重件。一般多层住宅大多采用这种结构
框架结构	框架结构是用梁、柱形成框架作为主要承重构件，这种结构的墙体只起维护和分割作用，不起承重作用。一般的办公楼、商城等公共建筑多采用这种结构
剪力墙结构	剪力墙结构一般用于高层住宅建筑，它的竖向承重构件为钢筋混凝土墙。在高层建筑中，钢筋混凝土墙作为竖向承重构件，不但要承受竖向荷载，还要承受风荷载、地震作用等水平力，这些水平力的作用使墙体承受水平剪力
框架-剪力墙结构	剪力墙结构一般墙体较多，房间的使用空间较小，多用于高层住宅。但对于要求有大空间的公共建筑来说，布置太多的剪力墙是不合适的。 框架结构由于柱子作为竖向承重构件，墙体是不承重的，所以框架结构的房屋可以不布置墙，形成较大的使用空间。但框架结构承担水平力的能力较差，房屋的高度受到限制。 为了使房屋既能满足高度要求又能满足使用空间的要求，常把框架和剪力墙这两种结构型式结合起来形成一种新的结构-框架-剪力墙结构
筒体结构	在更高的房屋中常采用筒中筒结构或框筒结构。筒中筒结构是房屋的内部和外部布置两个刚度很大的筒体，内筒一般布置楼梯和电梯形成交通核，内、外筒之间的空间作为使用空间。框筒结构是房屋的内部布置一个刚度很大的筒体作为交通核，外部布置秘拍柱框架。这两种结构的房屋都称为筒体结构，它们承担水平力的能力更强，房屋可以盖得更高
大空间结构	在一些要求有更大使用空间的房屋中常采用以轻钢结构为代表的大空间结构，如体育馆、礼堂、展厅等。大空间结构常采用网架、门式钢架等结构型式

4. 按照房屋的层数和高度分类

按照房屋的层数和高度分类可以把房屋分为三大类：底层建筑、多层建筑和高层建筑（表1-4）。

表 1-4　　　　　　　　　　　　　按照房屋的层数和高度分类

项　目	内　容
低层建筑	低层建筑是指高度小于等于 10m，且建筑层数少于等于 3 层的建筑
多层建筑	多层建筑是指建筑高度大于 10m、小于 24m，且建筑层数多于 3 层、少于 7 层的建筑
高层建筑	高层建筑是指建筑层数超过 10 层的住宅建筑和建筑高度超过 24m 的其他民用建筑

二、房屋的构造概述

1. 房屋的组成及其各部分的作用

建筑物一般都可以看成是由基础、墙（柱）、楼板层、地坪层、楼梯、屋顶、门窗等部分组成（表 1-5），如图 1-1 所示，每一部分都起着不同的作用。

表 1-5　　　　　　　　　　　　　房屋的基本组成

项　目	内　容
基础	基础是位于建筑物最下部的承重结构，承受着建筑物的全部荷载，并将这些荷载传给地基，因此基础必须具有足够的强度，并能抵御地下各种因素的侵蚀
墙（柱）	墙（柱）是建筑物的承重构件和围护构件，作为承重构件，承受着建筑物由屋顶或楼板层传来的荷载，并将这些荷载传给基础；作为围护结构，外墙起着抵御自然界各种因素对室内侵袭的作用，内墙起着分隔房间、创造室内舒适环境的作用，因此要求墙体具有足够的强度和稳定性，以及必要的保温、隔热等方面性能；应满足隔声、防水、防潮、防火要求
楼板层	楼板层是房屋建筑中水平方向的承重构件，按房的高度将整栋房屋沿水平方向分成若干层。楼板层承受着家具、设备、人的荷载及本身的自重，并将这些荷载传给墙体或柱子；同时还对墙体起水平支撑作用。楼板层要具有足够的强度、刚度和隔声能力，同时对有水的房间还要求楼板具有防水、防潮的能力
地坪层	地坪层是底层房屋与土壤接触的部分，它承受底层房屋的荷载
楼梯	楼梯是房屋建筑的垂直交通设施，供人们上下楼层和紧急疏散使用
屋顶	屋顶是建筑物顶部的外围护构件和承重构件，抵御着自然风雨、雪、太阳辐射等对房间的影响；承受着建筑物顶部的荷载，并将这些荷载传给墙体
门窗	门主要是供人们内外交通和分隔房间；窗主要是供人们采光通风，同时也起分隔和围护作用

建筑物除了上述基本构件外，还有很多细部构造，如阳台、雨篷、女儿墙、栏杆、台阶、散水、勒脚等。

2. 基础

基础是房屋建筑中承受整个建筑物荷载的构件，并把这些荷载传给地基。房屋的高度和结构形式不同，以及地基土的不同，房屋所采用的基础形式也不尽相同。一般基础的形式可分为条形基础、独立基础、筏形基础、箱形基础、桩基础等。

（1）条形基础。条形基础的基础形式为长条形，它又分为墙下条形基础和柱下条形基础，墙下条形基础适用于砌体结构的房屋，柱下条形基础适用于多层框架结构的房屋。

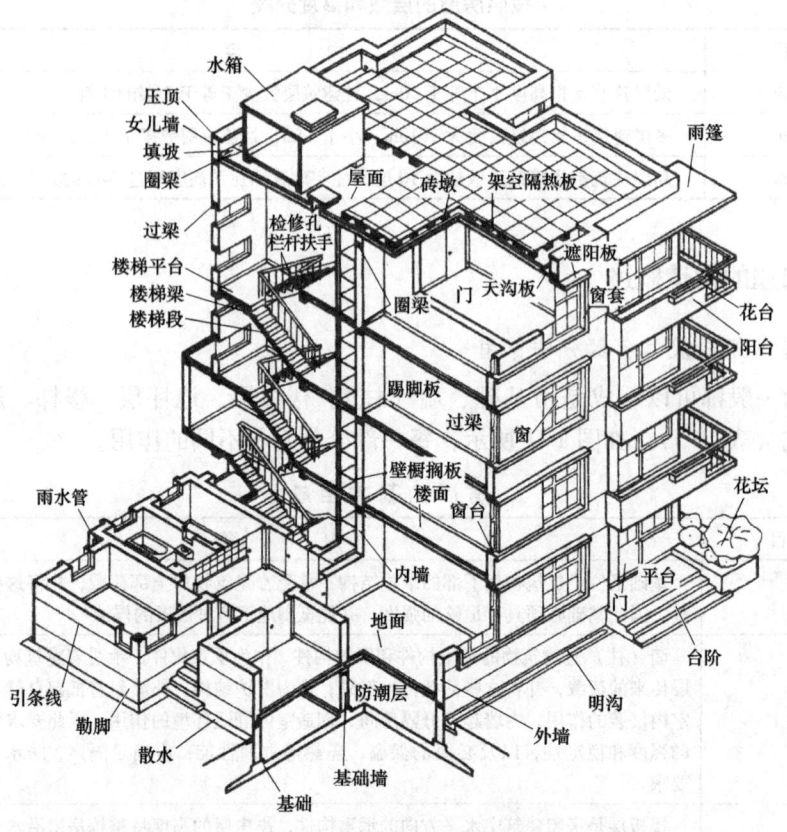

图 1-1　房屋构造示意图

砌体结构的墙下条形基础一般采用砖、石、混凝土、钢筋混凝土等材料，如图 1-2 所示。

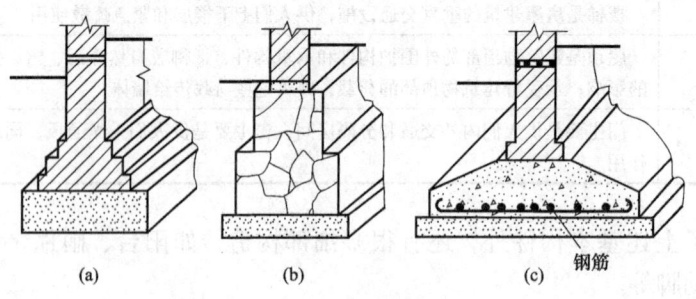

(a)　　　　　　(b)　　　　　　(c)

图 1-2　墙下条形基础

(a) 砖基础；(b) 毛石基础；(c) 混凝土基础

框架结构的柱下条形基础有基础梁和翼缘板组成，材料一般采用钢筋混凝土，如图 1-3 所示。

（2）独立基础。独立基础一般用于框架结构或排架结构的柱子下面，一根柱子 1-4 基础。在排架结构中，柱子常采用预制柱，所以基础常做成杯口形式，如图 1-4（a）所示；在框架结构中，基础和柱子常采用现浇结构，形成一个整体，如图 1-4（b）所示。

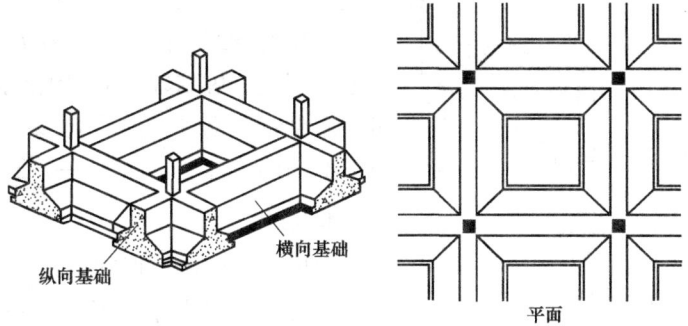

纵向基础　　横向基础　　平面

图1-3　柱下条形基础

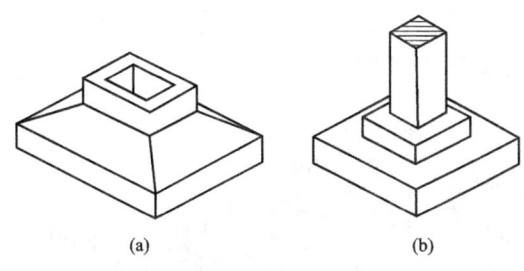

(a)　　　　　(b)

图1-4　独立基础

（a）杯口基础；（b）现浇基础

（3）筏形基础。筏形基础用于建筑物层数较多、荷载较大，或地基较差的工程中。筏形基础又分为平板式筏形基础和梁板式筏形基础。图1-5是梁板式筏形基础示意图。

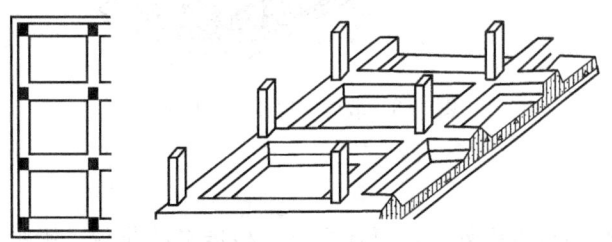

图1-5　梁板式筏形基础示意图

（4）箱形基础。箱形基础也是用于建筑物层数较多、荷载较大，或地基较差的工程中，但主要用于有地下室的工程。箱形基础把地下室做成上有顶板、下板、中间有隔墙的大箱子状，中间的空间作为地下室使用。箱形基础如图1-6所示。

（5）桩基础。桩基础用于地基条件较差，或上部荷载较大的工程中。当基础下边的土质

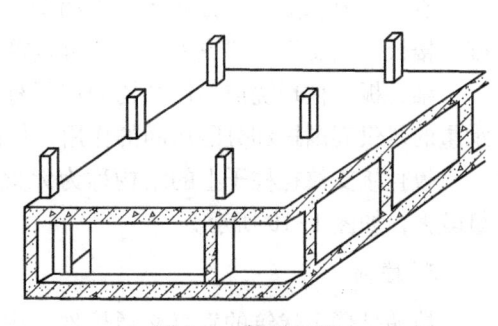

图1-6　箱形基础

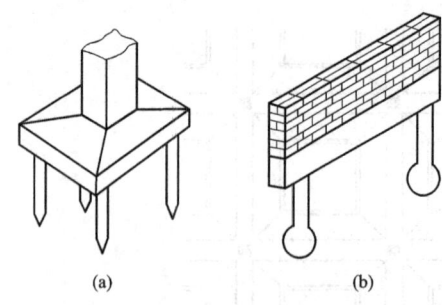

图 1-7 柱基础

（a）独立柱下桩基；（b）地梁下桩基

较差、承载力较低时，常采用桩基础穿过土质较差的土层将建筑物的上部荷载传到下部较硬的土层或岩石上。桩基础常采用钢筋混凝土材料，也可采用型钢或钢管。桩的上部一般做有承台来支撑上部的墙或柱子，如图 1-7 所示。

3. 墙体

房屋中的墙体根据其位置不同可分为外墙和内墙。外墙是指房屋四周与室外空间接触的墙，内墙是指位于房屋内部的墙。

墙体根据受力情况可分为承重墙和非承重墙。凡承受上部梁、板传来的荷载的墙称为承重墙；凡不承受上部荷载，仅承受自身重量的墙称为非承重墙。

墙体在房屋中的构造如图 1-8 所示。

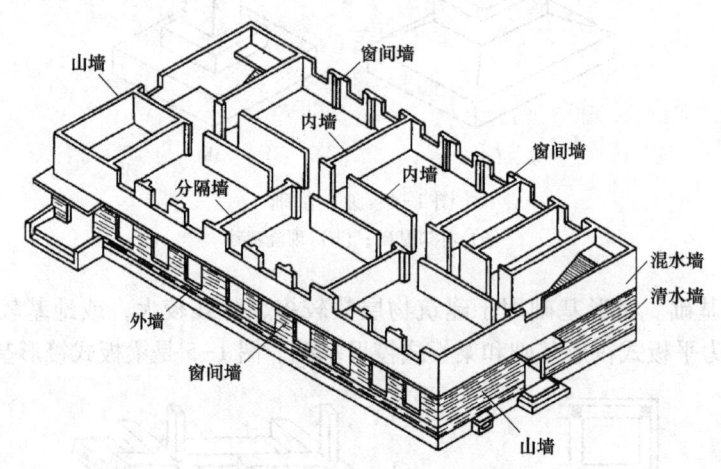

图 1-8　墙体在房屋中的构造

4. 梁、板、柱

柱子是房屋的竖向承重构件，主要承受梁、板传来的荷载。梁是房屋的横向承重构件，分为主梁与次梁，主要承受屋面板与楼板传来的荷载，并把这些荷载传给柱子或墙体。楼板主要承受水平方向传来的荷载，并把这些荷载传给墙、柱，再由墙、柱传给基础。楼板一般支撑在梁或墙上，也可直接支撑在柱子上。

梁、板、柱现浇成整体结构的房屋称为框架结构。在框架结构的房屋中，墙体是不承重的，仅起围护和分隔房间的作用，如图 1-9 所示。

板直接支撑在柱子上的结构称为无梁楼盖，这种结构可以增加房屋的净高，但配筋量较大，如图 1-10 所示。

5. 楼梯

楼梯是楼房建筑的垂直交通构件，主要由楼梯段、休息平台、栏杆和扶手组成。楼梯的组成如图 1-11 所示。楼梯的一个楼梯段称为一跑，一般常见的楼梯为两跑楼梯

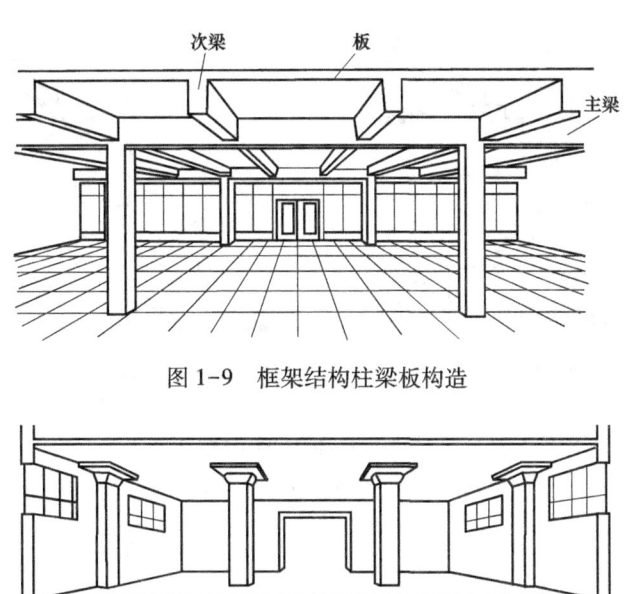

图 1-9　框架结构柱梁板构造

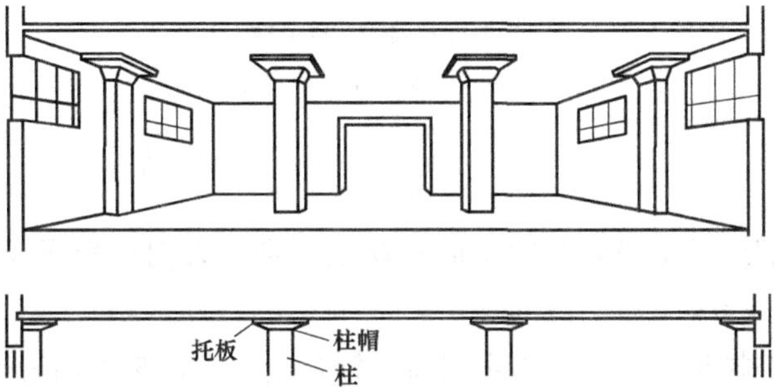

图 1-10　无梁楼盖构造

[图 1-11（a）]。通过两个楼梯段上到上一层，两个楼梯段转折处的平台称为休息平台。除了两跑楼梯外还有单跑楼梯、三跑楼梯等。三跑楼梯示意图如图 1-11（b）所示。

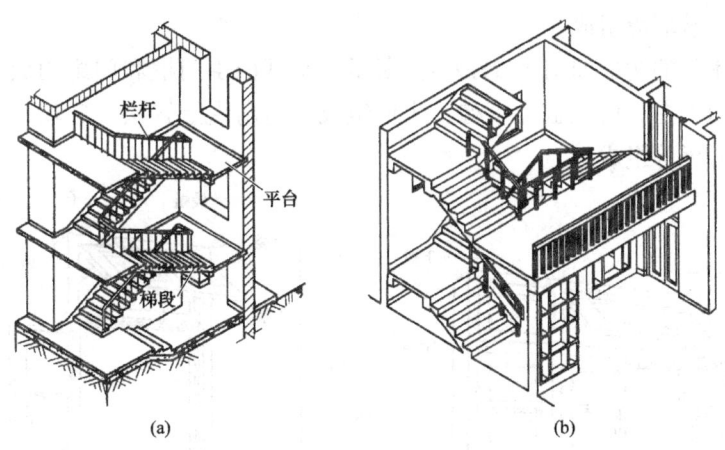

图 1-11　楼梯的组成

（a）两跑楼梯；（b）三跑楼梯

　　楼梯根据受力形式可分为梁式楼梯和板式楼梯，如图 1-12 所示。梁式楼梯是指楼梯段的自重及其上的荷载通过两侧的斜梁传到楼梯段两端的楼层梁、休息平台梁上；而板式楼梯是指楼梯段的自重及其上的荷载直接通过楼梯板传到楼梯段两端的楼层梁、休息平台梁上。

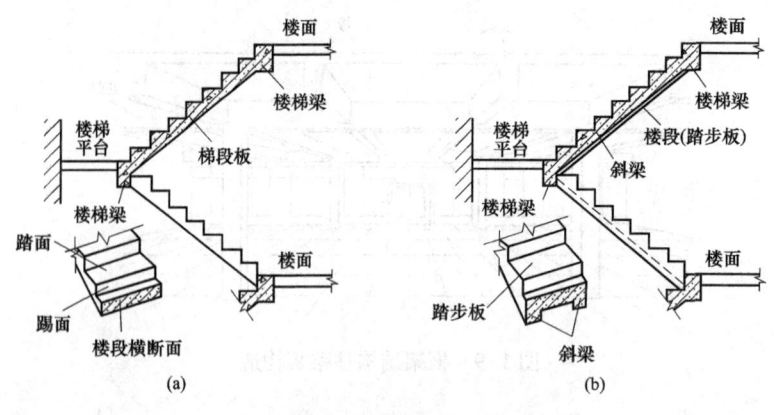

图 1-12　楼梯的组成

（a）板式楼梯；（b）梁式楼梯

6. 门窗

门主要是供人们内外交通和分隔房间；窗主要是供人们采光通风，同时也起分隔和围护作用。

门窗按其所用的材料不同可分为木门窗、铝合金门窗、塑钢门窗等。

门按其开启方式可分为平开门、推拉门、折叠门、旋转门等；窗按其开启方式可分为平开窗、推拉窗、固定窗、中悬窗、下悬窗、上悬窗、立转窗等。

常见平开木窗的构造如图 1-13（a）所示，平开窗由窗框和窗扇构成，比较高的窗还设有亮子。窗框主要由上槛、中槛、中框、下槛、边框组成；窗扇由上冒头、窗芯、下冒头、窗梃、玻璃等组成。

常见平开木门的构造如图 1-13（b）所示，平开门由门框和门扇构成，比较高的门还设有亮子。门框主要由上槛、中槛、边框组成；门扇由上冒头、玻璃、中冒头、下冒头、边梃、门芯板等组成。

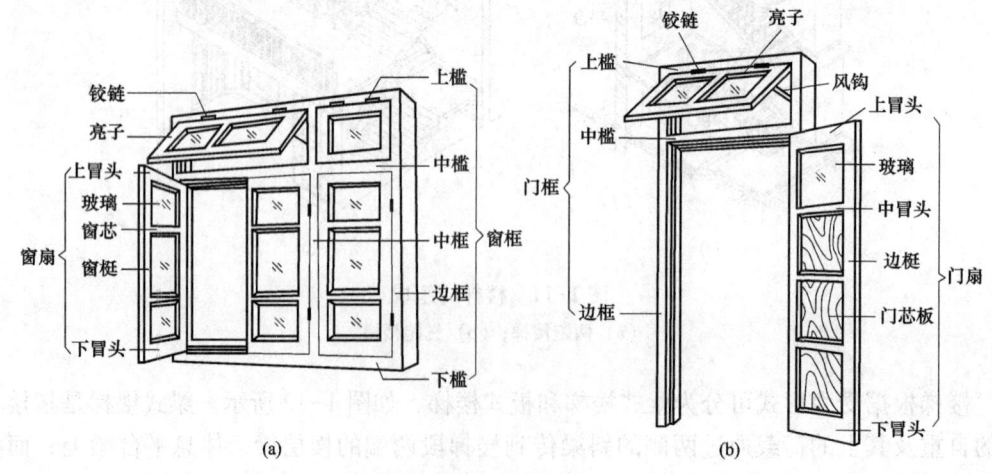

图 1-13　门窗的构造

（a）常见三扇平开木窗；（b）常见单扇平开木门

7. 楼地面的构造

楼地面是分隔建筑空间的水平承重结构，楼地面的表面必须平整、清洁。楼地面既可做成要求较低的水泥地面，也可做成要求较高的瓷砖、大理石、水磨石等地面，有的还可做成木地板。

楼地面的构造层次一般有以下几层：

（1）基层。基层一般是指楼面的结构楼板或地面的土层。

（2）垫层。楼面一般采用细石混凝土作垫层，地面可采用灰土或素混凝土。

（3）填充层。在有隔声、保温要求的房屋，常用轻质材料作为填充层，如水泥蛭石、水泥炉渣、水泥珍珠岩、聚苯板等。

（4）找平层。当面层要求比较平整时，在做面层之前常先做一层找平层。

（5）面层和结合层。面层是楼地面的表面层，是人们直接接触的一层。若面层是块料面层，还需设一结合层把面层和找平层黏接在一起。

8. 屋面的构造

房屋的屋顶分为坡屋顶和平屋顶。坡屋顶通常由屋架、檩条、屋面板和瓦组成。现代楼房的坡屋顶既可将楼板做成斜楼板，再在斜楼板上做防水层和屋瓦；也可将楼板做成平楼板，再在平楼板上增加一个坡屋顶，如图 1-14 所示。

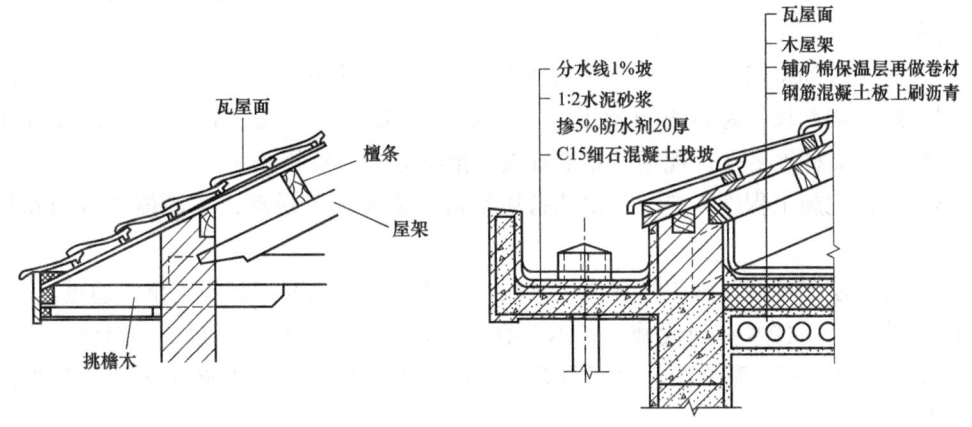

图 1-14　坡屋面构造

平屋顶是现代建筑采用最多的屋顶形式，为了排水方便，平屋顶也有较小的坡度（一般小于 5%）。屋顶是房屋最上部的围护结构，它有遮风挡雨、保温隔热的作用，所以房屋的屋顶由多层构造组成。一般屋顶的构造有基层、保温层、找坡层、找平层、防水层等，上人屋面还有结合层和面层。

9. 阳台的构造

阳台在住宅建筑中是不可缺少的部分，它既是居住在楼层上的人们的室外空间，也是房屋使用上的一部分。阳台分为挑出式和凹进式两种，一般以挑出式最为常见。目前，挑出式阳台的挑出部分一般用钢筋混凝土做成，由栏杆、扶手、排水口等组成。图 1-15

是一个挑出式阳台的侧面形状。

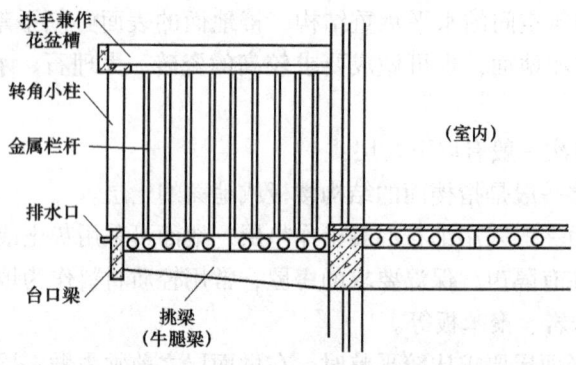

图 1-15 挑出式阳台的侧面形状

三、建筑工程施工的特点

建筑工程是建筑施工企业以建筑原材料为劳动对象，以完成建筑工程设计文件的内容为目的，以国家强制性施工规范、验收标准为依据，在科学的施工组织设计（或施工方案）指导下，综合调动企业管理、技术、劳动力、机械设备等资源，于特定的施工环境，通过科学的施工管理、严密的工序活动把建筑材料转化为建筑产品的物质生产化过程。建筑工程施工有以下特点：

（1）施工现场特定，地址、水文条件因工程所在地的不同而不同，施工环境差异大。

（2）施工周期长，跨越季节幅度大，作业区抵御自然气候变化能力差；材料（设备）用量大，品种规格多，现场存储量有限，批次进场检验频繁。

（3）机械化施工程度不高，技术装备质量低，主要施工活动以人的体力劳动和技能劳动为主。

（4）劳动层工种多，施工过程流水分段、立体交叉，主要工种作业重复递进。

（5）传统施工技术和现代施工技术并存，规范、标准具体、明确，"四新"（新技术、新工艺、新材料、新方法）技术具有广阔的开发应用前景；但施工规范、验收标准相对滞后。

第二节　建筑施工图的内容

一、建筑施工图的设计

建筑工程图纸的设计，是由建设方通过招标选择设计单位之后，进行委托设计。设计单位则根据建设方提供的设计任务书和有关设计资料，如房屋的用途、规模、建筑物所定现场的自然条件、地理情况等，按照设计方案、规划要求、建筑艺术风格、计算采用数据等来设计绘制成图。一般设计绘制成可以施工的图纸，要经过三个阶段。首先是初步设计阶段，这一阶段主要是根据选定的方案设计进行更具体更深入的设计。在论证技术可能性、经济合理性的基础上，提出设计标准、基础型式、结构方案以及水、电、暖通等各专业的设计方案。初步设计的图纸和有关文件只能作为提供研究和审批使用，不能作为施工的依据。第二阶段称为技术设计阶段，它是针对技术上复杂或有特殊要求而又缺乏设计经验的建设项目，而增加的一个阶段设计。它是用以进一步解决初步设计阶段一时无法解决的一些重大问题，如初步设计中采用的特殊工艺流程须经试验研究，新设备须经试制及确定，大型建筑物、构筑物的关键部位或特殊结构须经试验研究落实，建设规模及重要的技术经济指标须经进一步论证等。技术设计是根据批准的初步设计进行的，其具体内容视工程项目的具体情况、特点和要求确定，其深度以能解决重大技术问题，指导施工图设计为原则。第三阶段为施工图设计阶段，它是在前面两个阶段的基础上进行详细的、具体的设计。它主要是为满足工程施工中的各项具体的技术要求，提供一切准确可靠的施工依据。因此必须把工程和设备各构成部分的尺寸、布置和主要施工做法等，绘制出正确的、完整和详细的建筑和安装详图及必要的文字说明和工程概算。整套施工图纸是设计人员的最终成果，也是施工单位进行施工的主要依据。

二、建筑施工图的组成

1. 建筑总平面图

建筑总平面图也称为总图，它是整套施工图中领先的图纸。它是说明建筑物所在的地理位置和周围环境的平面图。一般在图上标出新建筑的外形、层次、外围尺寸、相邻尺寸；建筑物周围的地物、原有建筑、建成后的道路，水源、电源、下水道干线的位置，如果在山区还要标出地形等高线等。有的总平面图，设计人员还根据测量确定的坐标网，绘出需建房屋所在方格网的部位和水准标高；为了表示建筑物的朝向和方位，在总平面图中，还绘有指北针和表示风向的风玫瑰图等。

同时伴随总图还有建筑的总说明，说明以文字形式表示，主要说明建筑面积、层次、规模、技术要求、结构形式、使用材料、绝对标高等应向施工者交待的一些内容。

2. 建筑平面图

建筑平面图就比较直观了，主要信息就是柱网布置及每层房间功能墙体布置门窗布置楼梯位置等。而一层平面图在进行上部结构建模中是不需要的（有架空层及地下室等除外），一层平面图是在做基础时使用，至于如何真正的做结构设计本文不详述，这里只讲如何看建筑施工图。作为结构设计师在看平面图的同时，需要考虑建筑的柱网布置是否合理，不当之处应该讲出理由说服建筑设计师修改，通常不影响建筑功能及使用效果上的修改，建筑设计师也是会同意修改的，如果建筑设计师不改那就只有继续再看图，看建筑平面图，了解了各部分建筑功能，基本上，结构上的活荷载取值心中就大致有值了，了解了柱网及墙体门窗的布置，柱截面大小梁高以及梁的布置也差不多有数了，反正有墙的下面一定有梁，除非是甲方自理的隔断，轻质墙也最好是立在梁上。值得一提的是，注意看屋面平面图，通常现代建筑为了外立面的效果，都有层面构架，通常都比较复杂，需要仔细地理解建筑的构思。必要的时候，咨询建筑设计师或索要效果图，力求使自己明白整个构架的三维形成是什么样子的，这样才不会出错。另外，层面是结构找坡还是建筑找坡也需要了解清楚。

3. 建筑立面图

建筑立面图，是对建筑立面的描述，主要是外观上的效果，是建设设计师提供给结构设计师的信息，主要就是门窗在立面上的标高布置及立面布置以及立面装饰材料及凹凸变化。通常有线的地方就是有面的变化，再就是层高等等信息，这也是对结构荷载的取定起作用的数据。

4. 建筑剖面图

建筑剖面图的作用是对无法在平面图及立面图表述清楚的局部剖切以表述清建筑设计师对建筑物内部的处理，结构工程师能够在剖面图中得到更为准确的层高信息及局部地方的高低变化，剖面信息直接决定了剖切处梁相对于楼面标高的下沉或抬起，又或是错层梁，或有夹层梁，短柱等。同时对窗顶是框架梁充当过梁还是需要另设过梁有一个清晰的概念。

5. 节点大样图及门窗详图

建筑设计师为了更为清晰的表述建筑物的各部分做法，以便于施工人员了解自己的设计意图，需要对构造复杂的节点绘制大样以说明详细做法，不仅要通过节点图进一步了解建筑设计师的构思，更要分析节点画法是否合理，能否在结构上实现，然后通过计算验算各构件尺寸是否足够，配出钢筋。当然，有些节点是不需要结构师配筋的，但结构设计师也需要确定该节点能否在整个结构中实现。门窗大样对于结构设计师作用不是太大，但个别特别的门窗，结构设计师须绘制立面上的过梁布置图，以便于施工人员对此种造形特殊的门窗过梁有一个确定的做法，避免发生施工人员理解上的错误。

6. 楼梯大样图

楼梯是每一个多层建筑必不可少的部分，也是非常重要的一个部分，楼梯大样又分为楼梯各层平面及楼梯剖面图，结构师也需要仔细分析楼梯各部分的构成，是否能够构成一个整体，在进行楼梯计算的时候，楼梯大样图就是唯一的依据，所有的计算数据都是取得之楼梯大样图，所以在看楼梯大样图时也必须将梯梁，梯板厚度及楼梯结构形式考虑清晰。

第二章

建 筑 施 工 图 识 读

第一节　建筑施工图识读步骤

1. 总体了解

建筑专业是整个建筑物设计的龙头，没有建筑设计其他专业也就谈不上设计了，所以看懂建筑施工图就显得格外重要。大体上建筑施工图包括以下部分：图纸目录、门窗表、建筑设计总说明、一层～屋顶的平面图、正立面图、背立面图、东立面图、西立面图、剖面图（视情况，有多个）、节点大样图及门窗大样图、楼梯大样图（视功能可能有多个楼梯及电梯）。

先看首页（目录、标题栏、设计总说明和总平面图等），大致了解工程情况，如工程名称、工程设计单位、建设单位、新建房屋的位置、周围环境、施工技术要求等。

然后对照目录检查图纸是否齐全，采用了哪些标准图并备齐这些标准图。

最后看建筑平、立、剖面图，大体上想象一下建筑物的立体形状及内部布置。

2. 顺序读图

在了解建筑物的大体情况后，根据施工的先后顺序，从基础、墙体（或柱）、结构平面图、建筑结构及装修的顺序，仔细阅读有关图纸。

3. 对照前后

读图时，要注意平面图、立面图、剖面图对照着读，建筑施工图与结构施工图对照着读，建筑施工图与设备施工图对照着读，做到对整个工程施工情况及技术要求心中有数。

4. 细读重点

根据工种的不同，将有关专业施工图再有重点的仔细阅读一遍，并将遇到的问题记录下来，及时向设计部门反应。识读一张图纸时，应按由外向内、从大到小看、由粗到细看、图纸与说明交替看、有关图纸对照看的方法，重点看轴线及各种尺寸关系。要熟练的识读施工图，除了要掌握正投影原理、熟悉房屋建筑的基本构造、熟知国家制图标准外，还必须掌握各专业施工图的用途、图示内容和方法。看图时还要联系生产实践，经常深入到施工现场，对照图纸，观察实物，这样就能比较快地掌握图纸的内容。

在施工图中有些构配件和节点详图（材料、构造做法），常选自某标准图集，因此也要学会查阅工程施工图所采用的标准图集。根据施工图中注明的标准图集名称和编号及编制单位，查找相应的图集。阅读标准图集时，应阅读总说明，了解编制该标准图集的设计依据、使用范围、施工要求及注意事项等。了解标准图集的编号和有关表示方法。根据施工图中的详图索引编号查阅详图，核对有关尺寸。

第二节 图 纸 目 录

一、一般规定

（1）图纸目录是为了便于查阅图纸，应排列在施工图纸的最前面。

（2）工程项目均宜有总目录，用于查阅图纸和报建使用，见表 2-1。专业图纸目录放在各专业图纸之前，见表 2-2。

表 2-1 推荐图纸总目录格式

| 工程名称： | | | 设计编号： | | | 设计阶段： | | | | | | | | | |
| 建筑面积： | | | 建筑造价： | | | | | | | | | | | | |

图纸总目录

| 建筑 | | | 结构 | | | 给水排水 | | | 暖通与空调 | | | 建筑电气 | | | | | |
| | | | | | | | | | | | | 强电 | | | 弱电 | | |
序号	图号	图纸名称	序号	图号	图纸名称	序号	图号	图纸名称	序号	图号	图纸名称	序号	图号	图纸名称	序号	图号	图纸名称
1																	
2																	
…																	

表 2-2 推荐建筑专业图纸目录格式

序号	图号	图纸名称	图幅	备 注
1	建施-1	总平面定位图	A2	
2	建施-2	建筑施工图设计说明	A1	
3	建施-3	底层平面图	A1	
…	…	…	…	
…	建通-1	通用阳台详图	A1	
…	05J909	《工程做法》		图标图集

注：简单工程的设计说明也可放在总平面定位图之前。

（3）新绘图目录编排顺序：施工图设计说明、总平面图定位图（无总图子项时）、平面图、立面图、剖面图、放大平面图、各种详图等（一般包括平面详图、如卫生间、设备间、交配电间；平面图、剖面详图，如楼梯间、电梯机房等，还有墙身剖面详图、立面详图，如门头花饰等）。

（4）标准图：分为国家标准图、地方标准图以及各设计单位通用图，通用图为从事有特殊要求建筑工程的设计单位自行编制的构造详图（如邮电、通信、电力、燃气等）或多子项工程为了统一做法绘制的各子项共用的构造详图（如居住区、学校等工程）。

（5）重复利用图：多是利用本设计单位其他工程项目的部分图纸，应随新绘制图纸出图，并在目录中列出，写明项目的设计号、项目名称、图别、图号、图名，以免差错。（由于各设计单位现均为计算机制图，套用其他工程部分图纸非常容易，因此重复利用图比较少）。

（6）新绘图、标准图、重复利用图三部分目录之间，宜留有空格（特别是新绘图纸的后面）。

（7）图号应从"1"开始一次编排，不得从"0"开始。当大型工程必须分段时，应加分段号，如建施"A-3"、"建施B-3"（A、B为分段号，3为图号）、……，当有多个子项（或栋号）可共用的图时，可编为"建通-1"、"建通-2"、……

当图纸修改时，如图纸局部变更，原图号不变，只需作变更记录，包括变更原因、内容、日期、修改人、审核人和项目总负责人签字。若为整张图纸变更时，可将图纸改为升版图代替原图纸，如"建施-13A"、"建施-13B"（A表示第一次修改版，B表示第二次修改版）。

（8）总平面定位图或简单的总平面图可编入建筑图纸内。大型复杂工程或成片住宅小区的总平面图，应按总施图自行编号出图，不得与建施图混编在同一份目录内。

（9）图纸规格应结合具体情况确定大小适当的图幅，并尽量统一，除大型工程的平、立、剖面图外，尽量不用大于A0号的图，以便于施工现场使用。

二、范例

图纸目录的范例如图3-1所示。

第三节　设计总说明

一、内容

建筑设计总说明通常放在图纸目录后面或建筑总平面图后面，它的内容根据建筑物的复杂程度有多有少，但一般应包括设计依据、工程概况、工程做法等内容，如图3-2所示，及其设计说明讲解如图3-3所示。

1. 设计依据

设计依据是施工图设计过程中采用的相关依据，主要包括建设单位提供的设计任务书，政府部门的有关批文、法律、法规，国家颁布的一些相关规范、标准等。

2. 项目概况

内容一般应包括建筑名称、建设地点、建设单位、建筑面积、建筑基底面积、项目设计规模等级、设计使用年限、建筑层数和建筑高度、建筑防火分类和耐火等级、人防工程类别和防护等级、人防建筑面积、屋面防水等级、地下室防水等级、主要结构类型、抗震设防烈度等，以及能反映建筑规模的主要技术经济指标，如住宅的套型和套数（包括每套的建筑面积、使用面积）、旅馆的客房间数和床位数、医院的门诊人次和住院部的床位数、车库的停车泊位数等。

3. 设计标高

工程的相对标高与总图绝对标高的关系。

4. 用料说明和室内外装修

（1）墙体、墙身防潮层、地下室防水、屋面、外墙面、勒脚、散水、台阶、坡道、油漆、涂料等处的材料和做法，可引用文字说明或部分文字说明，部分直接在图上引注或加注索引号，其中包括节能材料的说明；

（2）室内装修部分除文字说明以外亦可用表格形式表达，如表 2-3 所示，在表上填写相应的做法或代号；较复杂或较高级的民用建筑应另行委托室内装修设计；凡属二次装修的部分，可不列装修做法表和进行室内施工图设计，但对原建筑设计、结构和设备设计有较大改动时，应征得原设计单位和设计人员的同意。

表 2-3　　　　　　　　　　　室内装修做法表

名称 ＼ 部位	楼、地面	踢脚板	墙裙	内墙面	顶棚	备注
门厅						
走廊						

注：表列项目可增减。

5. 新技术说明

对采用新技术，新材料的做法说明及对特殊建筑造型和必要的建筑构造的说明。

6. 门窗

门窗表见表 2-4，及门窗性能（防火、隔声、防护、抗风压、保温、气密性、水密性等）、用料、颜色、玻璃、五金件等的设计要求。

表 2-4　　　　　　　　　　　门　窗　表

类别	设计编号	洞口尺寸/mm		樘数	采用标准图集及编号		备注
		宽	高		图集代号	编号	
门							
窗							

注：1. 采用非标准图集的门窗应绘制门窗立面图及开启方式。

　　2. 单独的门窗表应加注门窗的性能参数、型材类别、玻璃种类及热工性能。

7. 特殊制作说明

幕墙工程（玻璃、金属、石材等）及特殊屋面工程（金属、玻璃、膜结构等）的性能及制作要求（节能、防火、安全、隔声构造等）。

8. 电梯

电梯（自动扶梯）选择及性能说明（功能、载重量、速度、停站数、提升高度等）。

9. 建筑防火设计

10. 无障碍设计说明

11. 建筑节能设计说明

（1）设计依据。

（2）项目所在地的气候分区及维护结构的热工性能限值。

（3）项目的节能设计概况、围护结构的屋面（包括天窗）、外墙（非透明幕墙）、外窗（透明幕墙）、架空或外挑楼板、分户墙和户间楼板（居住建筑）等构造组成和节能技术措施，明确外窗和透明幕墙的气密性等级。

（4）建筑体形系数计算、窗墙面积比（包括天窗屋面比）。计算和围护结构热工性能计算，确定设计值。

12. 安全措施

根据工程需要采取的安全防范和防盗要求及具体措施，隔声减振减噪、防污染、防射线等的要求和措施。

13. 深化设计

需要专业公司进行深化设计的部分，对分包单位明确设计要求确定技术接口的深度。

14. 其他需要说明的问题

二、作用

设计总说明对结构设计是非常重要的，因为建筑设计总说明中会提到很多做法及许多结构设计中要使用的数据，如建筑物所处位置（结构中用以确定抗震设防烈度及风荷载、雪荷载）、黄海标高（用以计算基础大小及埋深桩顶标高等，没有黄海标高，施工中根本无法施工）及墙体做法、地面做法、楼面做法等（用以确定各部分荷载）。总之，看建筑设计总说明时不能草率，这是检验结构设计正确与否的重要依据。

第四节 总 平 面 图

一、概述

建筑总平面图是在建筑基底的地形图上，把已有的、新建的和拟建的建筑物、构筑物以及道路、绿化用地等按与地形图同样的比例绘制出来的平面图，主要表明新建建筑物的平面形状、层数、室内外地面标高，新建道路、绿化、场地排水和管线的布置情况，出入口示意、附属房屋和地下工程位置及功能，与道路红线及城市道路的关系，耐火等级，并标明原有建筑、道路、绿化用地等和新建建筑物的相互关系以及环境保护方面的要求。对于较为复杂的建筑总平面图，还可分项绘出竖向布置图、管线综合布置图、绿化布置图等。

总平面图是整个建设区域由上向下按正投影的原理投影到水平投影面上得到的正投影图。总平面图用来表示一个工程所在位置的总体布置情况，是建筑物施工定位、土方施工以及绘制其他专业管线总平面图的依据。总平面图一般包括的区域较大，因此应采用 1∶300、1∶500、1∶1000、1∶2000 等较小的比例绘制。在实际工程中，总平面图经常采用 1∶500 的比例。由于比例较小，故总平面图中的房屋、道路、绿化等内容无法按投影关系真实地反映出来，因此这些内容都用图例来表示。总平面图中常用图例表示，在实际中如果需要用自定义图例，则应在图纸上画出图例并注明其名称。

主建筑用粗实线，次建筑用细实线，道路中心线用细点划线，用地范围线用粗点划线，道路、景观用中实线，标注、标高用中实线，建筑名、主次入口用粗实线。建筑距离道路中心线一般要大于 5m，具体要看规范要求。涉及景观设计的，一般建筑施工图设计人员会在图中说明"注：室外场地由甲方另行委托设计"。方案和施工图的图别要分清楚。拟建建筑和用地范围线的四角要标明坐标，待建建筑和已有建筑不用标。打印时一定要注意打印的比例是否和设置的比例一致。有些规划局要求拟建建筑上标明轴号（一般情况不需要）。拟建建筑要用粗细双实线标明，其他建筑均用细单实线。总图一般的图号为"02"，总图图名应该是具体的项目名称。

总图中的坐标、标高、距离宜以米（m）为单位，并应至少取至小数点后两位，不足时以零（0）补齐。详图宜以毫米（mm）为单位，如果不以毫米（mm）为单位，应另加说明。建筑物、构筑物、铁路、道路方位角（或方向角）和铁路、道路转向角的度数，宜注写到"分（″）"，特殊情况，应另加说明。铁路纵坡度宜以千分计，道路纵坡度、场地平整坡度、排水沟沟底纵坡度宜以百分计，并应取至小数点后一位，不足时以零（0）补齐。

建筑总平面图是新建房屋以及设备定位、施工放线的重要依据，也是水、暖、电、天然气等室外管线施工的依据。它表明了新建房屋的位置、朝向、与原有建筑物的关系，以及周围道路、绿化和给水、排水、供电条件等方面的情况，是新建房屋施工定位、土方施工、设备管网平面布置，安排施工时进入现场的材料和构件、配件堆放场地、构件预制的场地以及运输道路的依据。

二、内容

（1）在总平面图中，表示由城市规划部门批准的土地使用范围的图线称为规划红线。一般采用红色的粗点划线表示，任何建筑物在设计施工时都不能超过此线。

（2）我国把青岛附近的平均海平面定为绝对标高的零点，各地以此为基准所得到的标高称为绝对标高。在建筑物设计与施工时通常以建筑物的首层室内地面的标高为零点，所得到的标高称为相对标高。在总平面图中通常都采用绝对标高。在总平面图中，一般需要标出室内地面，即相对标高的零点相当于绝对标高的数值，且建筑物室内外的标高符号不同。

（3）新建建筑物用粗实线表示，原有建筑物用细实线表示，计划扩建的预留地或建筑物用中粗虚线表示，拆除的建筑物用细实线表示并在细实线上画叉。在新建建筑物的右上角用点数或数字表示层数。

（4）在总平面图中要表示清楚新建建筑物的定位。新建建筑物的定位一般采用两种方法：一是按原有建筑物或原有道路定位；二是按坐标定位。

（5）总平面图中的坐标分为测量坐标和施工坐标。

1）测量坐标：测量坐标是国家相关部门经过实际测量得到的画在地形图上的坐标网，南北方向的轴线为 X，东西方向的轴线为 Y。

2）施工坐标：施工坐标是为了便于定位，将建筑区域的某一点作为原点，沿建筑物的横墙方向为 A 向，纵墙方向为 B 向的坐标网。

（6）整个建设区域所在位置、周围的道路情况、区域内部的道路情况。由于比例较小，总平面图中的道路只能表示出平面位置和宽度，不能作为道路施工的依据。整个建设区域及周围的地形情况、表示地面起伏变化通常用等高线表示，等高线是每隔一定高度的水平面与地形面交线的水平投影并且在等高线上注写出其所在的高度值。等高线的间距越大，说明地面越平缓，等高线的间距越小，说明地面越陡峭。等高线上的数值由外向内越来越大表示地形凸起，等高线上的数值由外向内越来越小表示地形凹陷。

（7）在总平面图及首层的建筑平面图上，一般都绘有指北针，表示该建筑物的朝向。指北针的形状，如图 2-1（a）所示，其中，圆的直径宜为 24mm，用细实线绘制；指针尾部的宽度宜为 3mm，指针头部应注"北"或"N"字。需用较大直径绘制指北针时，指针尾部宽度宜为直径的 1/8。

（8）风玫瑰是总平面图上用来表示该地区每年风向频率的标志。风向频率图应根据当地实际气象资料按东、南、西、北、东南、东北、西南、西北等 8 个（或 16 个）方向绘出。图中风向频率特征应采用不同图线绘在一起，实线表示年风向频率，虚线表示夏季风向频率，点划线表示冬季风向频率，臼角为建筑物坐标轴与指北针的方向夹角，如图 2-1（b）所示。

（9）场地四邻原有及规划的道路绿化带等的位置（主要坐标或定位尺寸）、与相邻建筑物及构筑物的位置、名称、层数、间距。

（10）绿化、景观及休闲设施的布置示意并表示出护坡、挡土墙、排水沟等。

（11）主要技术经济指标表。

（12）说明栏内注写尺寸单位、比例、地形图的测绘单位、日期，坐标及高程系统名称（如为场地建筑坐标网时，应说明与测量坐标网的换算关系），补充图例及其他必要的说明等。

三、识图

（1）拿到一张总平面图，先要看它的图纸名称、比例及文字说明，对图纸的大概情况有一个初步了解。

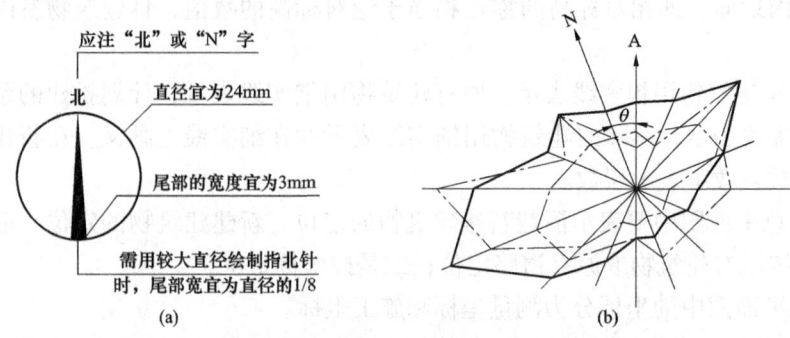

图 2-1　指北针和风玫瑰

（a）指北针；（b）风玫瑰

（2）在阅读总平面图之前要先熟悉相应图例，熟悉图例是阅读总平面图应具备的基本知识。

（3）找出规划红线，确定总平面图所表示的整个区域中土地的使用范围。

（4）查看总平面图的比例和风向频率玫瑰图，它标明了建筑物的朝向及该地区的全年风向、频率和风速。

（5）了解新建房屋的平面位置、标高、层数及其外围尺寸等。

（6）了解新建建筑物的位置及平面轮廓形状与层数、道路、绿化、地形等情况。

（7）了解新建建筑物的室内外高差、道路标高、坡度及地面排水情况；了解绿化、美化的要求和布置情况以及周围的环境。

（8）看房屋的道路交通与管线走向的关系，确定管线引入建筑物的具体位置。

（9）了解建筑物周围环境及地形、地物情况，以确定新建建筑物所在的地形情况及周围地物情况。

（10）了解总平面图中的道路、绿化情况，以确定新建建筑物建成后的人流方向和交通情况及建成后的环境绿化情况。

若在总平面图上还画有给水排水、采暖、电气施工图，需要仔细阅读，以便更好的理解图纸要求。

四、范例

1. 某疗养院总平面图

某疗养院总平面图如图 2-2 所示，识读步骤如下。

（1）看图纸名称、比例和文字说明：该总平面图为某疗养院总平面图，比例为1∶500，从图中下方的文字标注可知，规划红线的位置，建筑物西北方和正东方有绿地。

（2）看指北针或风向玫瑰图：通过指北针的方向可知，疗养院坐北朝南。通过风向玫瑰图可知，该地区全年风以西北风和东南风为主导风向。

（3）熟悉相应图例：图 2-2 中疗养院为新建建筑，轮廓线用粗实线表示；娱乐楼为原有建筑，轮廓线用细实线表示。

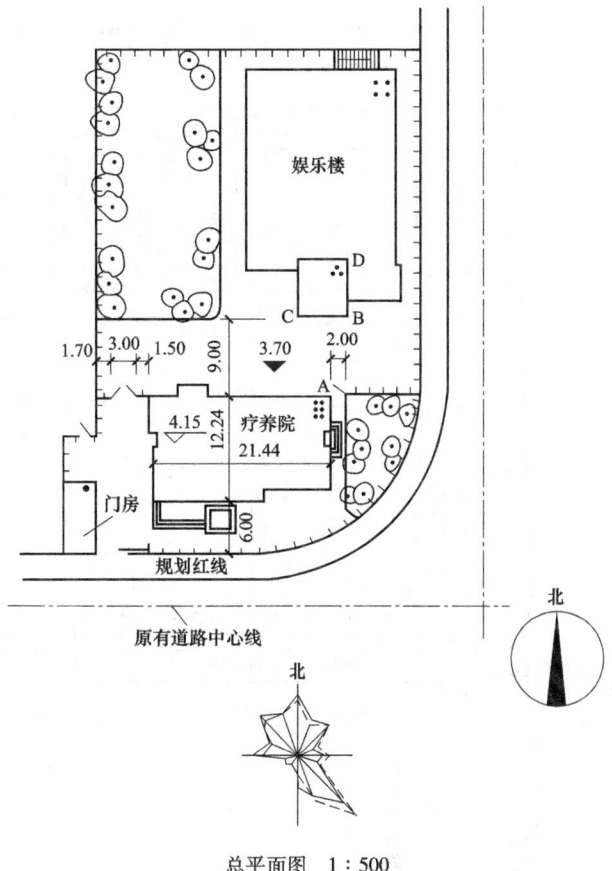

总平面图 1:500

图 2-2 某疗养院总平面图

（4）从图 2-2 中疗养院的右上角点数可知，疗养院为 6 层；原有娱乐楼主体部分为 4 层，组合体部分为 3 层。

（5）从图 2-2 中可以看出整个区域比较宽敞，室外标高为 3.700m，疗养院室内地面标高为 4.150m。

（6）从尺寸标注可知疗养院的长度为 21.44m。

（7）疗养院的东墙面设在平行于原有娱乐楼的东墙面，并在原有娱乐楼的 BD 墙面之西 2.00m 处。北墙面位于原有娱乐楼的 BC 墙面之南 9.00m 处，基地的四周均设有围墙。

（8）图 2-2 中围墙外带有圆角的细实线，表示道路的边线，细点划线表示道路的中心线。

（9）新建的道路或硬地注有主要的宽度尺寸，道路、硬地、围墙与建筑物之间为绿化地带。

2. 某大学公寓区局部总平面图

某大学公寓区局部总平面图如图 2-3 所示，识读步骤如下。

（1）看图纸名称、比例和文字说明：该总平面图为某大学公寓区局部总平面图，比例为 1:500，从图中下方的文字标注可知，该围墙的外面为规划红线，建筑物周围有绿

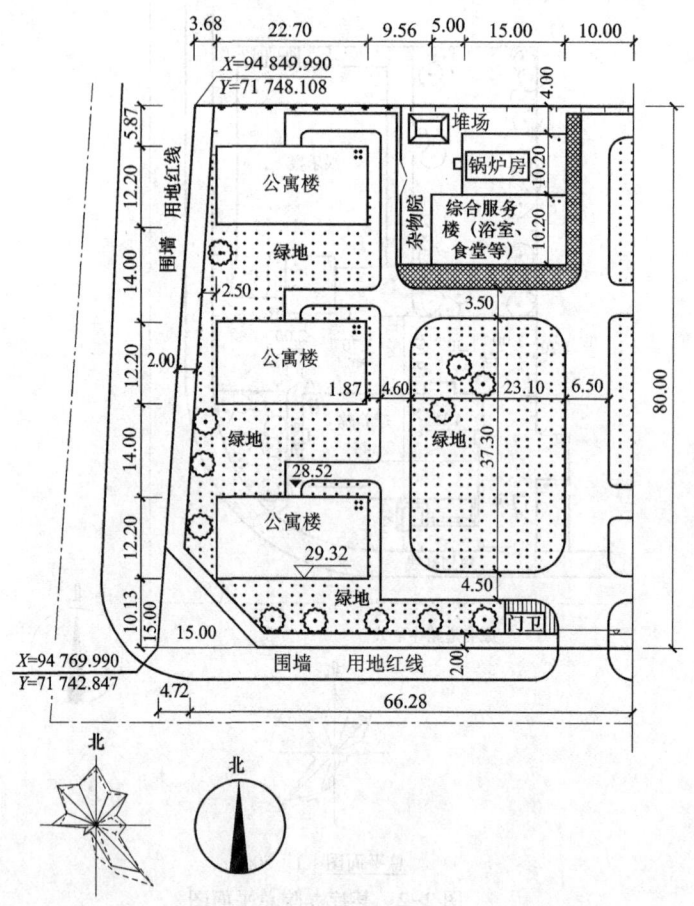

总平面图 1:500

图2-3 大学公寓区局部总平面图

注：图中"X、Y"的单位为m。

地和道路。

（2）看指北针或风向玫瑰图：通过指北针的方向可知，三栋公寓楼的朝向一致，均为坐北朝南。通过风向玫瑰图可知，该地区全年风以西北风和东南风为主导风向。

（3）熟悉相应图例：图中三栋公寓楼都是新建建筑，轮廓线用粗实线表示（其他图例可以对照制图标准理解，这里不再一一赘述）。

（4）从图2-3中公寓楼的右上角点数可知，三栋公寓楼都是4层。

（5）从图2-3中可以看出整个区域比较平坦，室外标高为28.520m，室内地面标高为29.320m。

（6）图2-3中分别在西南和西北的围墙处给出两个坐标用于3栋楼定位，各楼具体的定位尺寸在图中都已标出。

（7）从尺寸标注可知3栋楼的长度为22.7m，宽度为12.2m。

3. 某单位宿舍区总平面图

某单位宿舍区总平面图如图2-4所示，识读步骤如下。

22

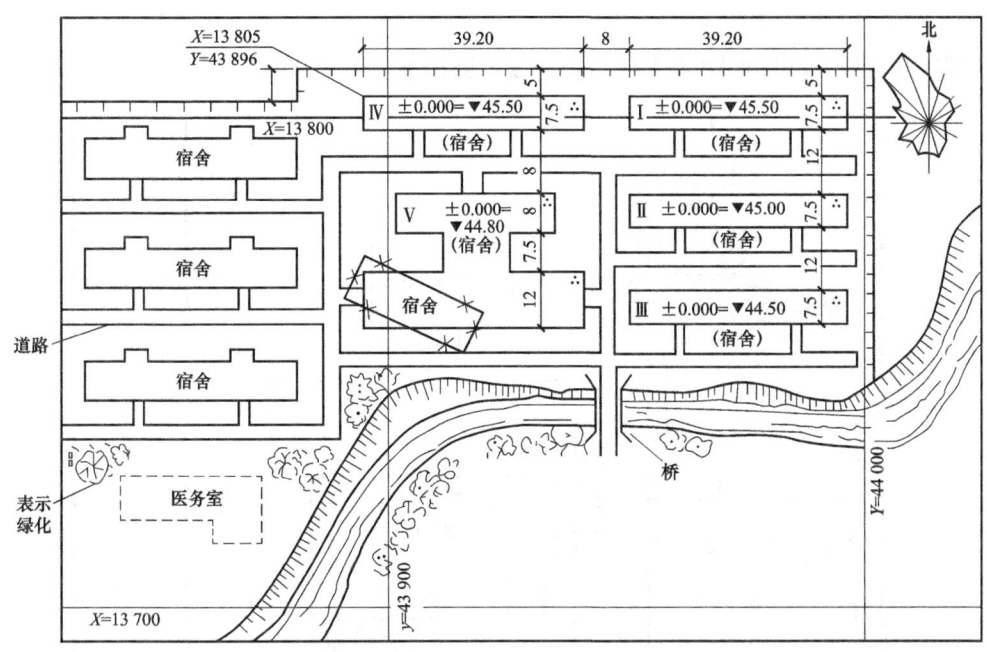

总平面图　1:500

图 2-4　某单位宿舍区总平面图

注：图中"X、Y"的单位为 m。

（1）看图纸名称、比例和文字说明：从图名可知该图为某单位宿舍区总平面图，比例为 1:500。

（2）看指北针或风向玫瑰图：通过指北针的方向可知，所有已建和新建的宿舍楼及餐饮楼的朝向一致（准备拆除的宿舍楼除外），均为坐北朝南。通过风向玫瑰图可知，该地区全年风以西北风为主导风向。

（3）熟悉相应图例：图中Ⅰ、Ⅱ、Ⅲ、Ⅳ号宿舍楼及食堂都是新建建筑，轮廓线用粗实线表示。图中左侧位置处为已建宿舍楼，轮廓线为细实线。图中中间位置处的宿舍楼为要拆除的房屋，轮廓线用细线并且在四周画了"×"。

（4）从图 2-4 中三栋办公楼的右上角点数可知，Ⅰ、Ⅱ、Ⅲ、Ⅳ号新建宿舍楼都是 3 层。

（5）从图 2-4 中可以看出Ⅰ、Ⅳ号新建宿舍楼的标高为 45.500m，Ⅱ号新建宿舍楼的标高为 45.000m，Ⅲ号新建宿舍楼的标高为 44.500m。食堂的标高为 44.800m。

（6）图 2-4 中在Ⅳ号新建宿舍楼的西北角给出两个坐标用于其他建筑的定位。

（7）从尺寸标注可知Ⅰ、Ⅱ、Ⅲ、Ⅳ号新建宿舍楼的长度为 39.2m，宽度为 7.5m，东西间距为 8m，南北间距为 12m。

4. 某新开区总平面图

某新开区总平面图如图 2-5 所示，识读步骤如下。

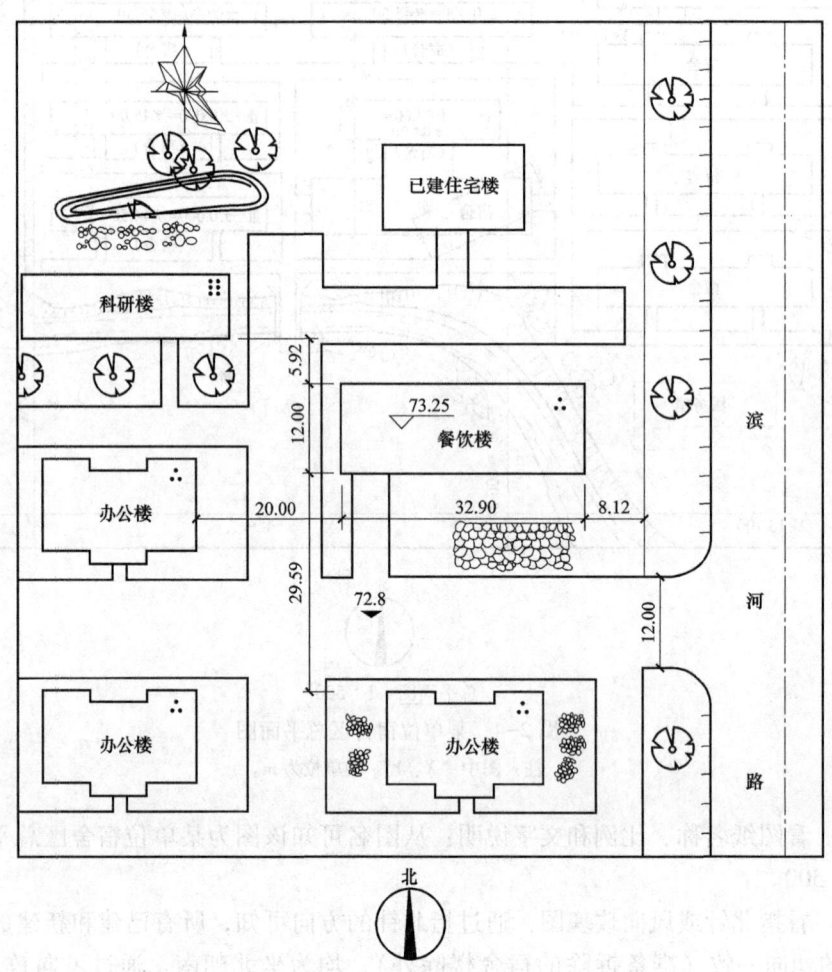

总平面图 1：500

图 2-5 某新开区总平面图

（1）看图纸名称、比例和文字说明：从图名可知该图为某新开区总平面图，比例为1：500。

（2）看指北针或风向玫瑰图：通过指北针的方向可知，三栋办公楼、科研楼及餐饮楼的朝向一致，均为坐北朝南。通过风向玫瑰图可知，该地区全年风以西北风和东南风为主导风向。

（3）熟悉相应图例：图 2-5 中三栋办公楼、科研楼及餐饮楼都是新建建筑，轮廓线用粗实线表示。图 2-5 中正方中间位置处为已建住宅楼，轮廓线为细实线。

（4）从图 2-5 中三栋办公楼的右上角点数可知，三栋办公楼都是 3 层；由科研楼的右上角点数可知，该科研楼为 6 层；由餐饮楼的右上角点数可知，该餐饮楼为 3 层。

（5）从图中可以看出室外标高为 72.800m，室内地面标高为 73.250m。底层地面与室外地面高差为 0.45m。图中给出室内室外的标高，所标注的数值均为绝对标高。

第五节 平 面 图

一、概述

建筑平面图比较直观，主要信息就是柱网布置及每层房间功能、墙体布置、门窗布置、楼梯位置等。而一层平面图在进行上部结构建模中是不需要的（有架空层及地下室等除外），一层平面图是在做基础时使用，至于如何真正的做结构设计本文不详述，这里只讲如何看建筑施工图。看完建筑平面图，了解了各部分建筑功能，基本上结构上的活荷载取值就大致有值了，了解了柱网及墙体门窗的布置，柱截面大小梁高以及梁的布置也差不多心中有数了，反正有墙的下面一定有梁，除非是甲方自理的隔断，轻质墙也最好是立在梁上。值得一提的是，注意看屋面平面图，通常现代建筑为了外立面的效果，都有层面构架，通常都比较复杂，需要仔细地理解建筑的构思，必要的时候咨询建筑或索要效果图，力求使自己明白整个构架的三维形成是什么样子的，这样才不会出错。另外，层面是结构找坡还是建筑找坡也需要了解清楚。

建筑平面图是假想用一个水平剖切平面，在建筑物门窗洞口处将房屋剖切开，移去剖切平面以上的部分，将剩余部分用正投影法向水平投影面作正投影所得到的投影图。沿底层门窗洞口剖切得到的平面图称为底层平面图，又称为首层平面图或一层平面图。沿二层门窗洞口剖切得到的平面图称为二层平面图。若房屋的中间层相同则用同一个平面图表示，称为标准层平面图。沿最高一层门窗洞口将房屋切开得到的平面图称为顶层平面图。将房屋的屋顶直接作水平投影得到的平面图称为屋顶平面图。有的建筑物还有地下室平面图和设备层平面图等，如图 3-4~图 3-22。

人的一般思维都是从简单到复杂的。外观造型也是，平面设计对于外观造型来说是一个从二维走向三维的过程。初始设计直接导致最后建筑的总体形象趋势。平面设计主要是按照功能区的排列构思出大体框架，然后再在平面的基础上纵向延伸，形成立体的实物。平面设计是建筑设计的第一步，对建筑的整体效果起着至关重要的作用。形象地说，平面设计好比是造型骨架的横向组成部分。平面的设计和选型直接影响整个建筑的形象走向。在设计时不仅应适应各种不同功能需求，创造可灵活布局的内部大空间，还应考虑因高度不同而造成的种种结果。

以上是平面设计对造型整体设计产生的影响。那是在形象设计没有特别限制的前提下形成的一种制约关系。如果还有特殊要求，例如，要建筑赋予一些象征意义或是形成一些仿生类的形象，那么这种关系就可能有所改变，即造型设计将对平面设计进行一些限制，平面设计要在原有的设计过程中加入一些特殊的设计步骤。

建筑平面图经常采用 1：50、1：100、1：150 的比例绘制，其中 1：100 的比例最为常用。

平面图的方向宜与总图方向一致，平面图的长边宜与横式幅面图纸的长边一致。在同一张图纸上绘制多于一层的平面图时，各层平面图宜按层数由低向高的顺序从左至右或从下至上依次布置。除顶棚平面图外，各种平面图应按正投影法绘制，屋顶平面图是在水平面上的投影，不需剖切，其他各种平面图则是水平剖切后，按俯视方向投影所得的水平剖面图。建筑物平面图应在建筑物的，门窗洞口处水平剖切俯视（屋顶平面图应在屋面以上俯视），图内应包括剖切面及投影方向可见的建筑构造以及必要的尺寸、标高等，如需表示高窗、洞口、通气孔、槽、地沟及起重机等不可见部分，则应以虚线绘制。建筑物平面图应注写房间的名称和编号，编号注写在直径为 6mm 细实线绘制的圆圈内，并在同张图纸上列出房间的名称表。平面较大的建筑物，可分区绘制平面图，但每张平面图均应绘制组合示意图，各区应分别使用大写拉丁字母编号。在组合示意图中要提示的分区，应采用阴影线或填充的方式来表示。顶棚平面图宜用镜像投影法绘制。为表示室内立面在平面图上的位置，应在平面图上用内视符号注明视点的位置、方向及立面编号。符号中的圆圈应用细实线绘制，根据图面比例圆圈的直径可选择 8 ~ 12mm。立面编号宜用大写拉丁字母或阿拉伯数字。

建筑平面图主要反映房屋的平面形状、大小和房间的相互关系、内部布置，墙的位置、厚度和材料，门窗的位置以及其他建筑构配件的位置和各种尺寸等。建筑平面图是施工放线、砌墙、安装门窗、室内装修和编制预算的重要依据。

建筑平面图是其他建筑施工图的基础，它采用了标准图例的统一性和规范性，与其他详图、图集逐级的关联性。只有先将建筑平面图看明白，心中对建筑的布局、结构都有了一个基本的了解之后，看其他图纸时才能做到心中有数，并和立面、剖面图结合，做到真正看懂图纸。

建筑物的各层平面图中除顶层平面图之外，其他各层建筑平面图中的主要内容及阅读方法基本相同。

二、内容

1. 建筑物的体量尺寸

相邻定位轴线之间的距离，横向的称为开间，纵向的称为进深。从平面图中的定位轴线可以看出墙（或柱）的布置情况。从总轴线尺寸的标注，可以看出建筑的总宽度、长度等情况。从各部分尺寸的标注，可以看出各房间的开间、进深、门窗位置等情况。此外，从某些局部尺寸还可以看出如墙厚、台阶、散水的尺寸，以及室内外等处的标高。

2. 建筑物的平面定位轴线及尺寸

从定位轴线的编号及间距，可以了解各承重构件的位置及房间大小，以便施工时放线定位。

3. 各层楼地面标高

建筑工程上常将室外地坪以上的第一层（即底层）室内平面处标高定为零标高，即 ±0.000 标高处。以零标高为界，地下层平面标高为负值，标准层以上标高为正值。

4. 门窗位置及编号

在建筑平面图中，绝大部分的房间都有门窗，应根据平面图中标注的尺寸确定门窗的水平位置；然后结合立面图确定窗台和窗户的高度。有些位置的高窗，还注明有窗台离地的高度。这些尺寸，都是确定门窗位置的主要依据。门窗按国家标准规定的图例绘制，在图例旁边注写门窗代号，M 表示门，C 表示窗，通常按顺序用不同的编号编写为 M-1、M-2、C-1、C-2 等。但有些特殊的门窗有特殊的编号。门窗的内型、制作材料等应以列表的方式表达。

5. 剖面位置、细部构造及详图索引

平面图是用一个假想的水平面把一栋房屋横向切开形成的。这个切开面的位置很重要，切得高和切得低形成的平面图会有很大差别。建筑工程上将其定在房屋的窗台以上部分但又不能超过窗顶的位置，这样平面图上就能将门窗的位置很清楚地显现出来。由于平面图的比例较小，某些复杂部位的细部构造就不能很明确地表示出来。因此，常通过详图索引的方式，将复杂部位的细部构造另外画出，放大比例，以更好地表达设计的思想。看图的时候，可以通过详图索引指向的位置找到相应的详图，再对照平面图，去理解建筑的真正构造。有时在图纸空间足够时，该平面图旁会出现一些细部节点详图。

6. 屋面排水及布置要点

建筑的屋面分为平屋面和坡屋面，它们的排水方法有很大不同。坡屋面因为坡度较大，一般采用无组织排水即自由落水（即不用再进行任何处理，水会顺着坡度自高向低流下）。有些坡屋面建筑在下檐口会设有檐沟，使坡面上的水流进檐沟，并在其内填 0.3% ~1% 的纵坡，使雨水集中到雨水口再通过落水管流到地面，或排到地下排水管网，这称为有组织排水。别墅的设计中常采用这种方法。读图的时候，应根据实际情况来看屋面的排水。平屋面的排水较为复杂，它常通过材料找坡的方式，即由轻质的垫坡材料形成。上人屋面平屋顶材料找坡的坡度小于或等于 2% ~3%，不上人屋面一般做找坡层的厚度最薄处不小于 20mm。识读平屋面的排水图时，应注意排水坡度、排水分区、水落管的位置等要点。

7. 文字说明

在建筑平面图中，有些通过绘图方式不能表达清楚或过于繁琐的，设计者会通过文字的方式在图纸的下方加以说明。读图的时候，结合文字说明看建筑平面图才能更深入地了解建筑。

8. 建筑朝向

建筑物朝向是指建筑物主要出入口的朝向，主要入口朝哪个方向就称建筑物朝哪个方向，建筑物的朝向由指北针来确定，指北针一般只绘制在底层平面图中。

9. 墙体、柱子

在平面图中墙体、柱是被剖切到的部分。墙体、柱在平面图中用定位轴线来确定其平面位置，在各层平面图中定位轴线是对应的。在平面图中被剖切到的墙体通常不画材料图例，柱子用涂黑来表示。平面图中还应表示出墙体的厚度（指墙体未包含装修层的厚度）、柱子的截面尺寸及与轴线的关系。

10. 附属设施

在平面图中还有散水、台阶、雨篷、雨水管等一些附属设施。这些附属设施在平面图中按照所在位置有的只出现在某层平面图中，如台阶、散水等只在底层平面图中表示，在其他各层平面图中则不再表示。附属设施在平面图中只表示平面位置及一些平面尺寸，具体做法则要结合建筑设计说明查找相应详图或图集。

除了以上内容外，还包括剖面图的符号、楼梯的位置及梯段的走向与级数等。

三、识图

（1）拿到一套建筑平面图后，应从底层看起，先看图名、比例和指北针，了解此张平面图的绘图比例及房屋朝向。

（2）一般先从底层平面图看起，在底层平面图上看建筑门厅、室外台阶、花池和散水的情况。

（3）看房屋的外形和内部墙体的分隔情况，了解房屋平面形状和房间分布、用途、数量及相互间的联系。

（4）看图中定位轴线的编号及其间距尺寸，从中了解各承重墙或柱的位置及房间大小，先记住大致的内容，以便施工时定位放线和查阅图纸。

（5）看平面图中的内部尺寸和外部尺寸，从各部分尺寸的标注，可以知道每个房间的开间、进深、门窗、空调孔、管道以及室内设备的大小、位置等，不清楚的要结合立面、剖面，一步一步地看。

（6）看门窗的位置和编号，了解门窗的类型和数量，还有其他构配件和固定设施的图例。

（7）在底层平面图上，看剖面的剖切符号，了解剖切位置及其编号。

（8）看地面的标高、楼面的标高、索引符号等。

四、范例

1. 某住宅小区平面图

某住宅小区平面图如图 2-6~图 2-10 所示，识读步骤如下。

（1）地下室平面图。

1）看地下室平面图的图名、比例可知，该图为某住宅小区的地下室平面图，比例为 1：100。

2）从图中可知本楼地下室的室内标高为−2.600m。

3）附注说明了地下室内外墙的建筑材料及厚度。

（2）首层平面图。

1）看平面图的图名、比例可知，该图为某住宅小区的一层平面图，比例为 1：100。从指北针符号可以看出，该楼的朝向是入口朝南。

2）图 2-7 中标注在定位轴线上的第二道尺寸表示墙体间的距离即房间的开间和进深尺寸，图 2-7 中已标出每个房间的面积。

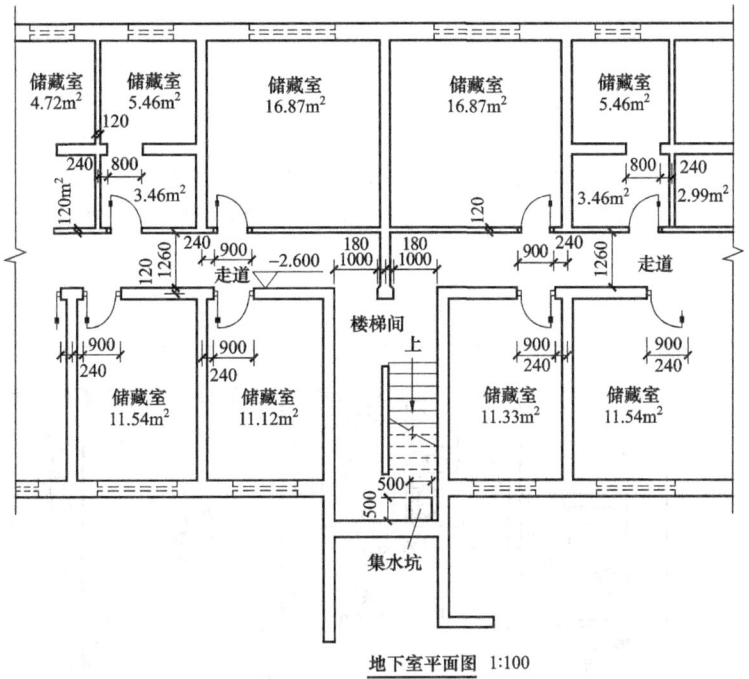

地下室平面图 1:100

图 2-6　某住宅小区地下室平面图

注：地下室所有外墙为 370mm 砖墙，内墙除注明外均为 240mm 砖墙。

3）从图 2-7 中墙的位置及分隔情况和房间的名称，可以了解到楼内各房间的配置、用途、数量以及相互间的联系情况，图中显示的完整户型中有 1 个客厅，1 个餐厅，1 个厨房，2 个卫生间，1 个洗脸间，1 个主卧室，2 个次卧室及一个南阳台。

4）图 2-7 中可知室内标高为 ±0.000m。室外标高为 −1.100m。

5）在图 2-7 中的内部还有一些尺寸，这些尺寸是房间内部门窗的大小尺寸和定位尺寸以及内部墙的厚度尺寸。

6）图 2-7 中还标注了散水的宽度与位置，散水均为 800mm。

7）附注说明了户型放大平面图的图纸编号，另见局部大样图的原因是有些房间的布局较为复杂或者尺寸较小，在这样 1:100 的比例下很难看清楚它的详细布置情况，所以需要单独画出来。

（3）标准层平面图。因为二~五层的布局相同，所以仅绘制一张图，该图就叫做标准层平面图。图 2-8 中标准层的图示内容及识图方法与首层平面图基本相同，只对它们的不同之处进行讲解。

1）标准层平面图中不必再画出一层平面图已显示过的指北针、剖切符号以及室外地面上的散水等。

2）标准层平面图中⑥~⑧轴线间的楼梯间的轴线处用墙体封堵，并装有窗户。

3）看平面的标高，标准层平面标高改为 2.900m、5.800m、8.700m、11.600m，分别代表二层、三层、四层、五层的相对标高。

（4）顶层平面图。因为图 2-9 所示的楼层为六层，所以顶层即为第六层。顶层平面

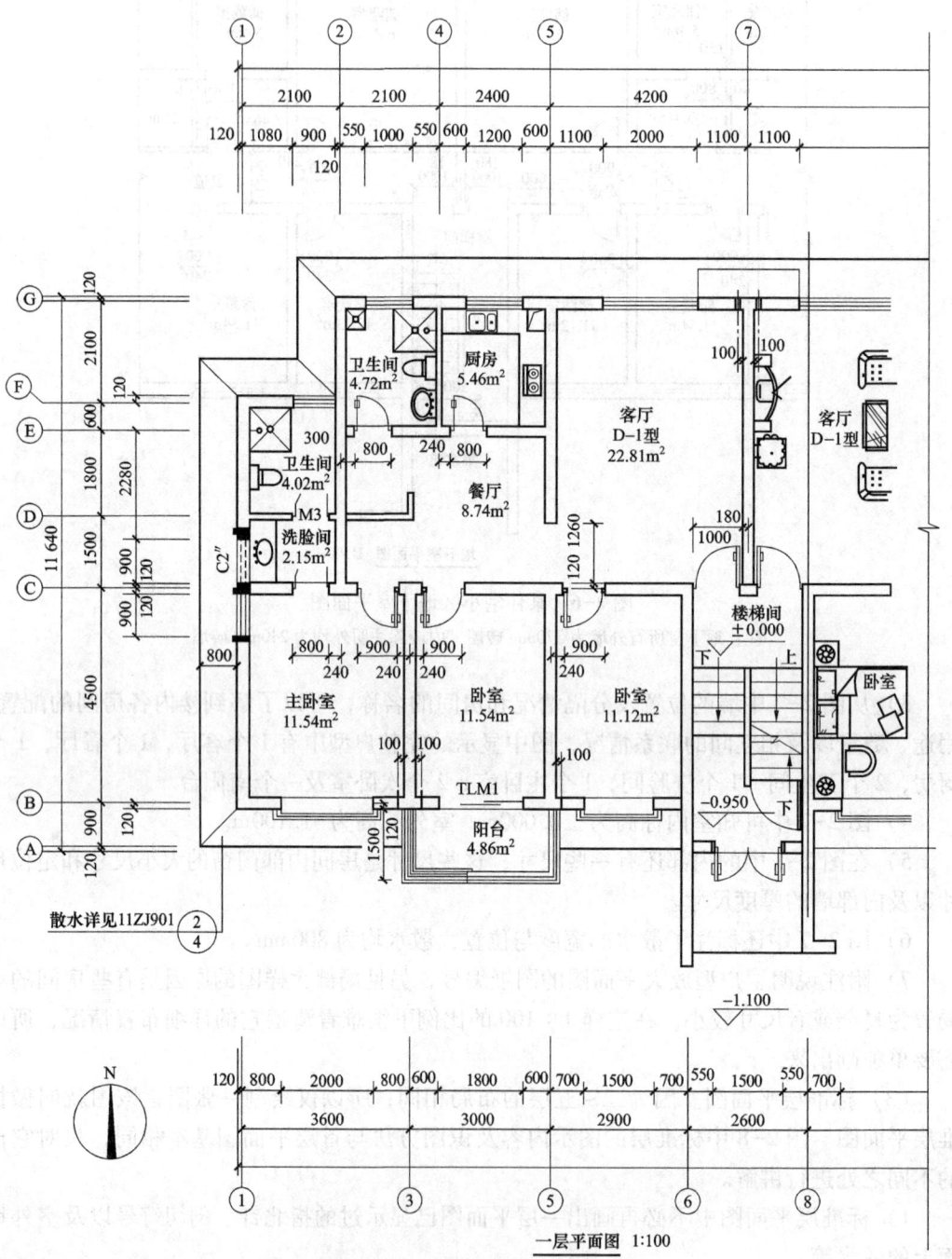

一层平面图 1:100

图 2-7 某住宅小区首层平面图

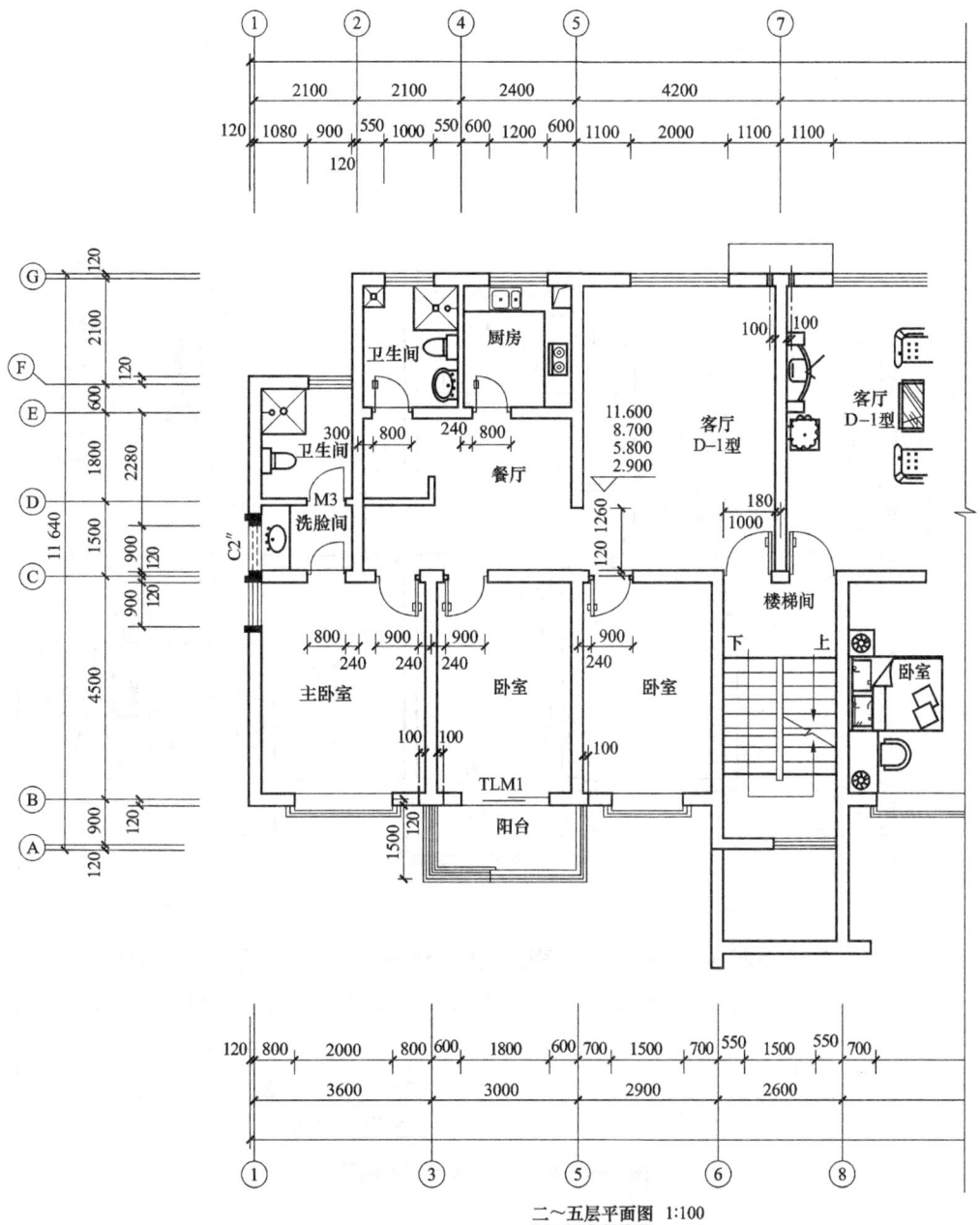

二～五层平面图 1:100

图 2-8 某住宅小区标准层平面图

图的图示内容和识图方法与标准平面图基本相同，这里就不再赘述，只对它们的不同之处进行讲解。

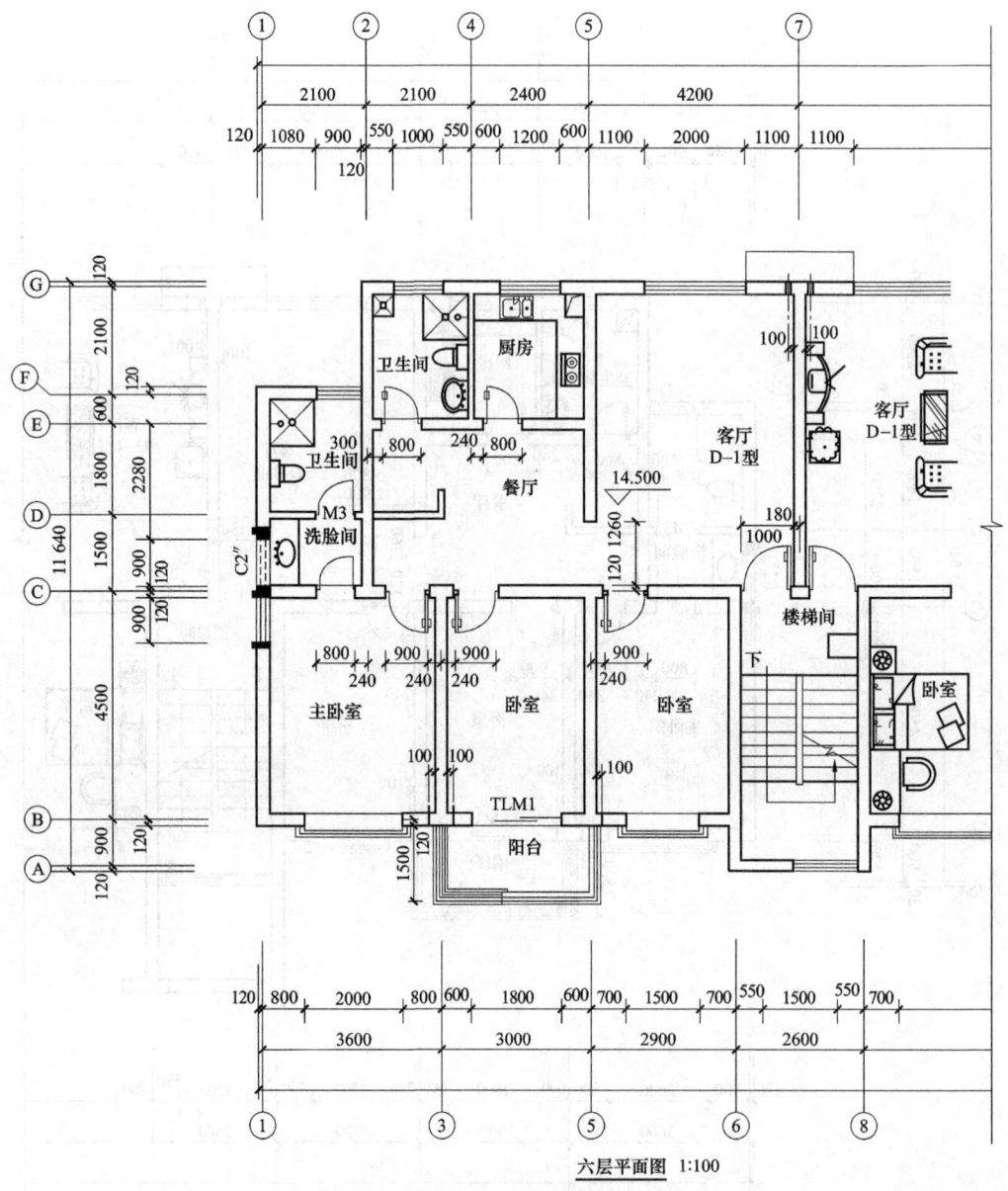

六层平面图 1:100

图 2-9　某住宅小区顶层平面图

　　1）顶层平面图中⑥~⑧轴线间的楼梯间，梯段不再被水平剖切面剖切，也不再用倾斜 45°的折断线表示，因为它已经到了房屋的最顶层，不再需要上行的梯段，故栏杆直接连接在了⑧轴线的墙体上。

　　2）看平面的标高，顶层平面标高改为 14.500m。

（5）屋顶平面图。

1）看屋面平面图的图名、比例可知，该图比例为 1∶100。

2）顶层平面标高为 19.200m。

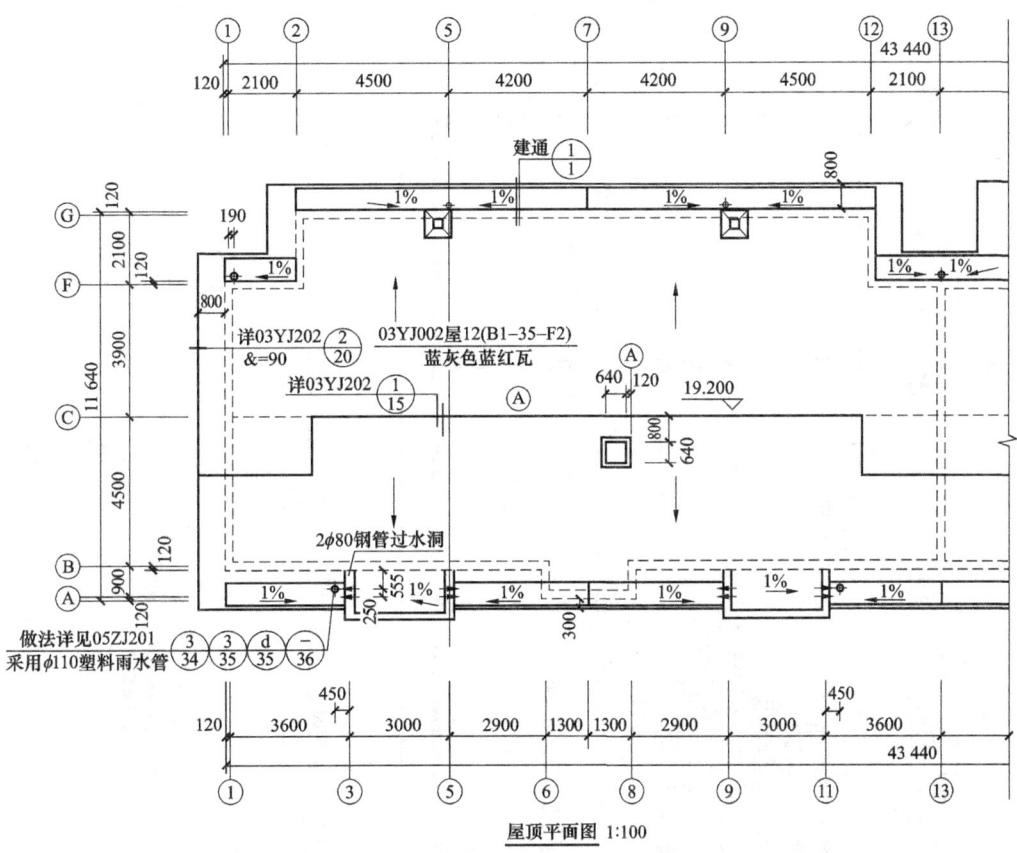

屋顶平面图 1∶100

图 2-10　某住宅小区屋顶平面图

2. 某政府办公楼平面图

某政府办公楼平面图如图 2-11~图 2-14，识读步骤如下。

（1）首层平面图。

1）看平面图的图名、比例可知，图 2-11 为某政府办公楼的一层平面图，比例为 1∶100。从指北针符号可以看出，该楼的朝向是背面朝北，主入口朝南。

2）已知本楼为框架结构，图 2-11 给出了平面柱网的布置情况，框架柱在平面图中用填黑的矩形块表示，图中主要定位轴线标注位置为各框架柱的中心位置，横向轴线为①~⑥，竖向轴线为Ⓐ~Ⓒ，在横向③轴线右侧有一附加轴线 ⅓。图中标注在定位轴线上的第二道尺寸表示框架柱轴线间的距离即房间的开间和进深尺寸，可以确定各房间的平面大小。如图 2-11 中北侧正对门厅的办公室，其开间尺寸为 7.2m，即①、②轴之间的尺寸，进深尺寸为 4.8m，即Ⓑ与Ⓒ轴之间的尺寸。

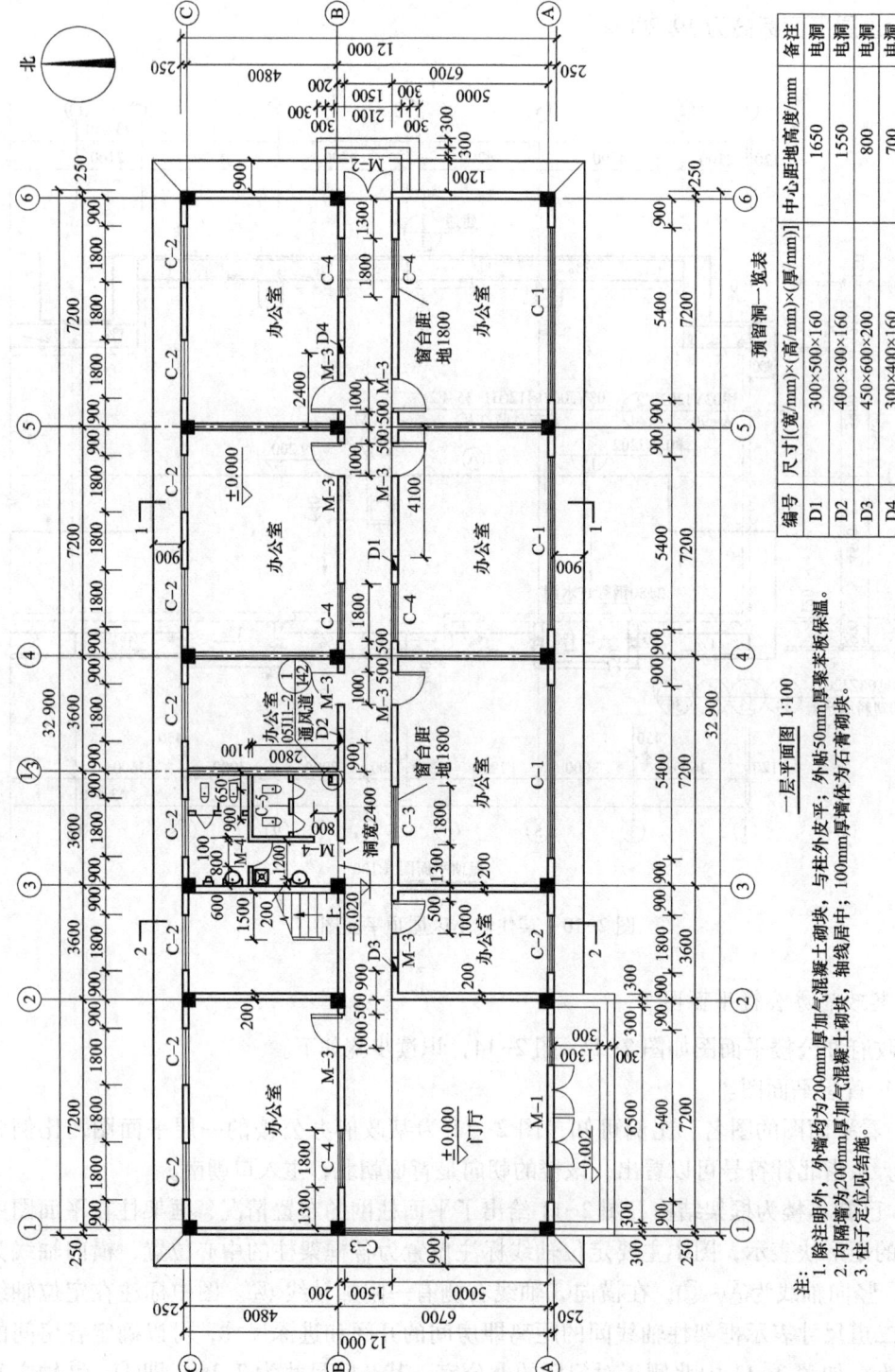

图 2-11 某政府办公楼首层平面图

3）从图 2-11 中墙的位置及分隔情况和房间的名称，可以了解到楼内各房间的配置、用途、数量以及相互间的联系情况，底层有 1 个门厅，8 个办公室，2 个厕所，1 个楼梯间。从西南角的大门进入为门厅，门厅正对面为一办公室，右转为走廊，走廊北侧紧挨办公室的为楼梯间，旁边为卫生间，东面是三间办公室，走廊的南面为四间办公室，其中正对楼梯为一小面积办公室。走廊的尽头，即在该楼房的东侧有一应急出入口。

4）建筑物的占地面积为一层外墙外边线所包围的面积，该尺寸为尺寸标注中的第一道尺寸，图中可知本楼长 32.9m，宽 12m，占地总面积 394.8m^2，室内标高为 ±0.000m。

5）南侧的房间与走廊之间没有框架柱，只有内墙分隔。图中第三道尺寸表示各细部的尺寸，表示外墙窗和窗间墙的尺寸，以及出入口部位门的尺寸等。图中在外墙上有 3 种形式的窗，它们的代号分别为 C-1、C-2、C-3。C-1 窗洞宽为 5.4m，为南侧三个大办公室的窗；C-2 窗洞宽为 1.8m，主要位于北侧各房间的外墙上，以及南侧小办公室的外墙上；C-3 窗洞宽为 1.5m，位于走廊西侧尽头的墙上。除北侧三个大办公室以及附加定位轴线处两窗之间距离为 1.8m，西侧 C-3 窗距离Ⓑ轴 200mm 外，其余与轴线相邻部位窗到轴线距离均为 900mm。门有两处，正门代号为 M-1，东侧的小门为 M-2。M-1 门洞宽 5.4m，边缘距离两侧轴线 900mm；M-2 门洞宽 1.5m。

6）在一层平面图的内部还有一些尺寸，这些尺寸是房间内部门窗的大小尺寸和定位尺寸以及内部墙的厚度尺寸。要弄清这些尺寸需要先清楚楼层内部的各房间结构。各办公室都有门，该门代号为 M-3，门洞宽为 1m，门洞边缘距离墙中线均为 500mm，六个大办公室走廊两侧的墙上均留有一高窗，代号为 C-4，窗洞宽 1.8m，距离相邻轴线 500mm 或 1300mm 不等，高窗窗台距地面高度为 1.8m。图中还可以在内墙上看到 D1～D4 四个预留洞，并且给出了各预留洞的定位尺寸，在"预留洞一览表"中给出了个预留洞的尺寸大小，中心距地高度，备注中说明这四个预留洞为电洞。在厕所部位给出的尺寸比较多，这些尺寸为厕所内分隔的定位尺寸，厕所内用到了 M-4 和 C-5，另有一通风道，它的形式，需要查找《05 系列建筑标准设计图集》05J11-2 册 J42 图的 1 详图。为表示清楚门窗统计表，图中也将其内容列出，图中除门窗的统计表外还给出了门窗的详细尺寸。

7）在平面图中，除了平面尺寸，对于建筑物各组成部分，如楼地面、楼梯平台面、室内外地坪面、外廊和阳台面处，一般都分别注明标高。这些标高均采用相对标高，并将建筑物的底层室内地坪面的标高定为 ±0.000m（即底层设计标高）。该办公楼门厅处地坪的标高定为零点（即相当于总平面图中的室内地坪绝对标高 73.25m）。厕所间地面标高是 -0.020m，表示该处地面比门厅地面低 20mm。正门台阶顶面标高为 -0.002m，表示该位置比门厅地面低 2mm。

8）图 2-11 还给出了建筑剖面图的剖切位置。图 2-11 中④、⑤轴线间和②、③轴线间分别表明了剖切符号 1—1 和 2—2 等，表示建筑剖面图的剖切位置（图 2-11 中未示出），剖视方向向左，以便与建筑剖面图对照查阅。

9）图 2-11 中还标注了室外台阶和散水的大小与位置。正门台阶长 7.7m，宽 1.9m，每层台阶面宽均为 300mm，台阶顶面长 6.5m，宽 1.3m。室外散水均为 900mm。

10）附注说明了内外墙的建筑材料。

（2）标准层平面图。

因为图 2-12 所示的楼层为三层，所以标准层只有第二层。二层平面图的图示内容及识图方法与首层平面图基本相同，只对它们的不同之处进行讲解。

1）二层平面图中不必再画出一层平面图已显示过的指北针、剖切符号以及室外地面上的散水等。

2）一层平面图中②、③轴线间设有台阶，在二层相应位置应设有栏板。

3）看房间的内部平面布置和外部设施。一层平面图中的大办公室及门厅在二层平面图中改为了开间为②、③轴线间距的办公室。楼梯间的梯段仍被水平剖切面剖断，用倾斜 45°的折断线表示，但折断线改为了两根，因为它剖切的不只是上行的梯段，在二层还有下行的梯段，下行的梯段完整存在，并且还有部分踏步与上行的部分踏步投影重合。

4）读门、窗及其他配件的图例和编号，二层平面图中南侧的门窗有了较大变动。C-1 的型号都改为了 C-2，数量也相应增加。

5）看平面的标高，二层平面标高改为 3.600m。

6）附注说明了内外墙的建筑材料。

（3）顶层平面图。

因为图 2-13 所示的楼层为三层，所以顶层即为第三层。三层平面图的图示内容和识图方法与二层平面图基本相同，这里就不再赘述，只对它们的不同之处进行讲解。

1）三层平面图中②、③轴线间的楼梯间，梯段不再被水平剖切面剖切，也不再用倾斜 45°的折断线表示，因为它已经到了房屋的最顶层，不再需要上行的梯段，故Ⓑ轴线的栏杆直接连接在了③轴线的墙体上。

2）看平面的标高，三层平面标高改为 7.200m。

3）附注说明了内外墙的建筑材料。

（4）屋顶平面图。

1）由屋面平面图的图名、比例可知，该图比例为 1∶100。

2）屋顶的排水情况，屋顶南北方向设置一个双向坡，坡度 2%，东西方向设置 4 处向雨水管位置排水的双向坡，坡度 1%。屋顶另有上人孔一处，排风道一处，详图可参见建筑标准设计图集。

3）水管做法、出屋面各类管道泛水做法、接闪带做法见图 2-14 下方所附说明。

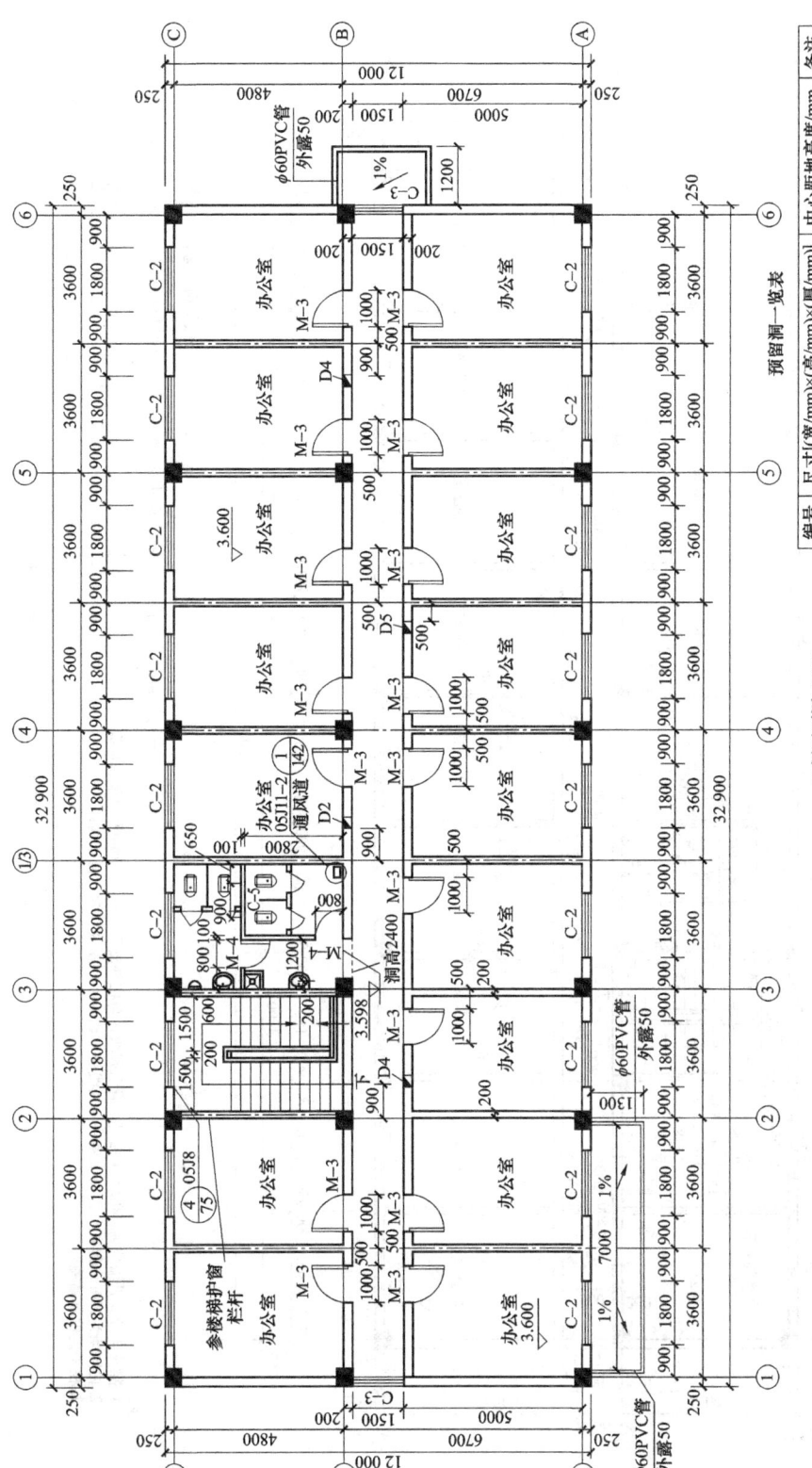

预留洞一览表

编号	尺寸[宽/mm)×(高/mm)×(厚/mm)]	中心距地高度/mm	备注
D2	400×300×160	1550	电洞
D4	300×400×160	700	电洞
D5	370×500×160	1650	电洞

二层平面图 1:100

注：1. 除注明外，外墙均为200mm厚加气混凝土砌块，与柱外皮平，外贴50mm厚聚苯板保温。
    2. 内隔墙为200mm厚加气混凝土砌块，轴线居中；100mm厚墙体为石膏砌块。
    3. 柱子定位见结施。

图 2—12　某政府办公楼二层平面图

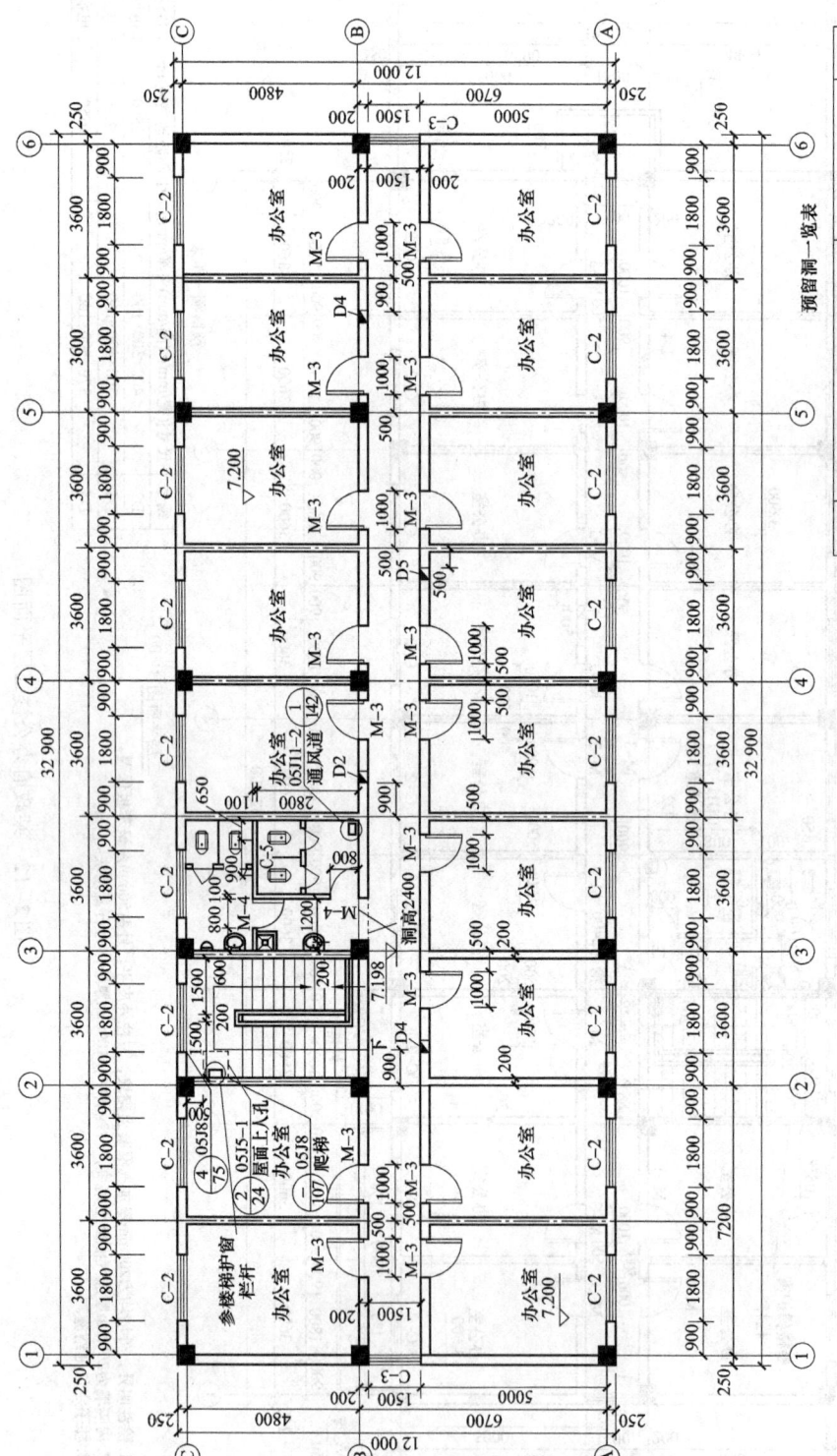

图2-13 某政府办公楼三层平面图

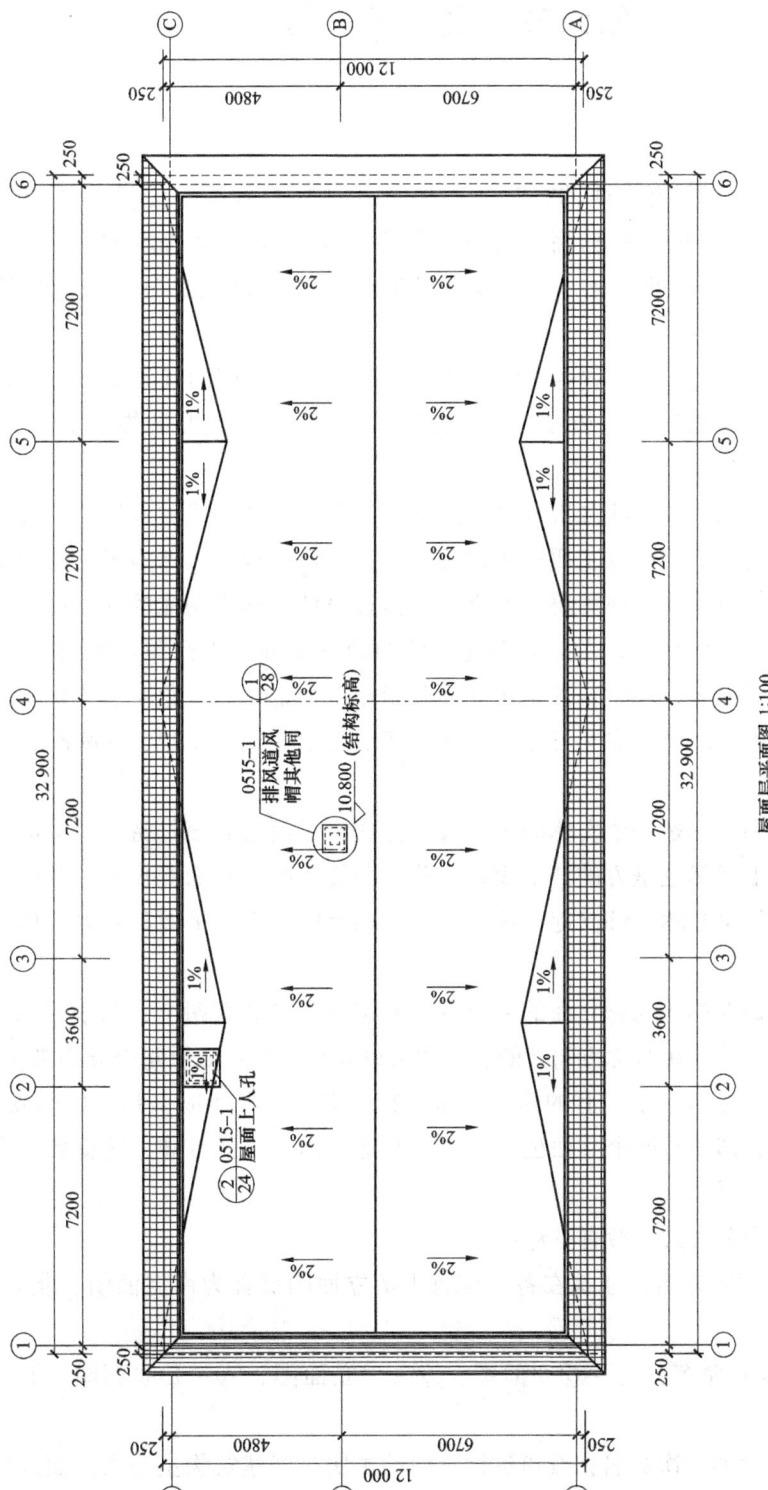

屋面层平面图 1:100

图2-14 屋顶平面图

注：
1. 雨水管做法参见《05系列建筑设计标准图集》05J11-2册页62-6、7、9相关标高。
2. 出屋面各类管道泛水做法参见05J5-1页30相关大样。
3. 避雷带配合电气图纸施工。

第六节 立 面 图

一、概述

建筑立面图，是对建筑立面的描述，主要是外观上的效果，提供给结构师的信息，主要就是门窗在立面上的标高布置及立面布置以及立面装饰材料及凹凸变化。通常有线的地方就是有面的变化，还有就是层高等信息，这也是对结构荷载的取定起作用的数据。

建筑立面图，是平行于建筑物各方向外墙面的正投影图，简称（某向）立面图。建筑立面图用来表示建筑物的体型和外貌，并表明外墙面装饰材料与装饰要求等的图纸，如图 3-23~图 3-26 所示。

一栋建筑给人的第一印象往往来自建筑的立面，立面设计的优劣直接影响着建筑的形象。立面设计相对于造型设计主要分为两部分：大体块的设计，即为了反映建筑功能特征，结合建筑内部空间及其使用要求而进行的体量设计，这类功能的立面设计形成了建筑的大体造型；体量的变形，主要是对建筑体型的各个方面进行深入的刻画和处理，使整个建筑形象趋于完善，同时合理确定立面各组成部分的形状、色彩、比例关系、材料质感等，运用节奏、韵律、虚实对比等构图规律设计出完整、美观、反映时代特征的立面。

实际上，平面和立面是一个实体的不同表达方式，平面与立面是密不可分的。平面是方的，立面整体上必然也是方的；平面有凹凸，一般情况下立面上也有凹凸；平面层数局部增加，则立面也必然局部高起。从建筑造型和整体来看，平面和立面有如形与影的关系。

立面图的数量是根据建筑物立面的复杂程度来定的，可能有两个、三个或四个。对于两个方向对称的建筑，在对称方向上的立面图可以只有一个；如果每个立面都不相同，则每个方向的立面图各有一个。有的建筑，布局较为自由，可能成 L 形、U 形或"口"字形等。这个时候，即使看四个立面也不能很直观地看出建筑的外观，这就要结合相应位置的剖面图一起来看了。

建筑立面图的命名方式一般有三种：

（1）按房屋的朝向命名：建筑在各个位置上的立面图被称为南立面图、北立面图、东立面图、西立面图。

（2）按轴线编号命名：①~⑥立面图、⑥~①立面图、Ⓐ~Ⓔ立面图、Ⓔ~Ⓐ立面图。

（3）按房屋立面的主次命名：按建筑物立面的主次，把建筑物主要入口面或反映建筑物外貌主要特征的立面图称为正立面图。从而确定背立面图、左侧立面图、右侧立面图。

二、内容

（1）图名、比例、立面两端的轴线及编号。详细的轴线尺寸以平面图为准，立面图中只画出两端的轴线，以明确位置，但轴线位置及编号必须与平面图对应起来。

（2）外墙面的体型轮廓和屋顶外形线在立面图中通常用粗实线表示。

（3）门窗的形状、位置与开启方向是立面图中的主要内容。门窗洞口的开启方式、分格情况都是按照有关的图例绘制的。有些特殊的门窗，如不能直接选用标准图集，还会附有详图或大样图。

（4）外墙上的一些构筑物。按照投影原理，立面图反映的还有室外地坪，以上能够看得到的细部，如勒脚、台阶、花台、雨篷、阳台、檐口、屋顶和外墙面的壁柱雕花等。

（5）标高和竖向的尺寸。立面图的高度主要以标高的形式来表现，一般需要标注的位置有：室内外的地面、门窗洞口、栏板顶、台阶、雨篷、檐口等。这些位置，一般标清楚了标高，竖向的尺寸可以不写。竖向尺寸主要标注的位置常设在房屋的左右两侧，最外面的一道总尺寸标明的是建筑物的总高度，第二道分尺寸标明的是建筑物的每层层高，最内侧的一道分尺寸标明的是建筑物左右两侧的门窗洞口的高度、距离本层层高和上层层高的尺寸。

（6）立面图中常用相关的文字说明来标注房屋外墙的装饰材料和做法。通过标注详图索引，可以将复杂部分的构造另画详图来表达。

三、立面图有关规定和要求

1. 定位轴线

在立面图中一般只画出两端的定位轴线及其编号，以便于平面对照。

2. 图线

为了使立面图外形清晰，通常把房屋立面的最外轮廓线画成细实线（0.25b），室外地面线画成中实线（0.5b），门窗洞、台阶、花台等轮廓线画成中实线（0.5b）。突出的雨篷、阳台和立面上其他突出的线脚轮廓线可以和门窗洞的轮廓线采用一样的粗线程度，有时也可画成比门窗洞的轮廓线略粗一些。门窗扇及其分隔线、花饰、雨水管、墙面分隔线（包括引条线）、外墙勒脚线、用料注释引出线和标高符号等画成细实线（0.25b）。

3. 图例

立面图和平面图一样，由于选用的比例较小，所以门窗也按规定图例进行绘制。

4. 尺寸标注

立面图上的高度尺寸主要用标高的形式来标注。应标注出室内外地面、门窗洞口的上下口、女儿墙压顶面（如为挑檐屋顶，则注至檐口顶面）、水箱顶面、出入口平台面、雨篷和阳台底面（或阳台栏杆顶面）等的标高标注标高时，除门窗洞口（均不包括粉刷层）外，要注意有建筑标高和结构标高的区别。如标注构件的上顶面标高时，应标注到包括粉刷层在内的装修完成后的建筑标高（如女儿墙顶面和阳台栏杆顶面等的标高）；如标注构件的下底面标高时，应标注不包括粉刷层的机构底面的结构标高（如雨篷底面等的标高）。

除了标高外，有时还注出一些并无详图的局部尺寸。

在立面图中，凡需绘制详图的部位，也应画上详图索引符号。

四、识图

（1）首先看立面图上的图名和比例，再看定位轴线确定是哪个方向上的立面图及绘图比例是多少，立面图两端的轴线及其编号应与平面图上的相对应。

（2）看建筑立面的外形，了解门窗、阳台栏杆、台阶、屋檐、雨篷、出屋面排气道等的形状及位置。

（3）看立面图中的标高和尺寸，了解室内外地坪、出入口地面、窗台、门口及屋檐等处的标高位置。

（4）看房屋外墙面装饰材料的颜色、材料、分格做法等。

（5）看立面图中的索引符号、详图的出处、选用的图集等。

五、范例

1. 某办公楼立面图

某办公楼立面图如图 2-15～图 2-18 所示，识读步骤如下。

（1）南立面图。

1）图 2-15 按照房屋的朝向命名，即该图是房屋的正立面图，图的比例为 1∶100，图中表明建筑的层数是四层。

2）从右侧的尺寸、标高可知，该房屋室外地坪为 -0.450m。可以看出一层室内的底标高为 ±0.000m，二层窗户的底标高为 4.520m，三层窗户的底标高为 7.720m，四层窗户的底标高为 10.920m，楼顶最高处标高为 16.150m。

3）从顶部引出线看到，建筑左侧的外立面材料由浅绿色涂料饰面，窗台为白色涂料饰面，建筑右侧的外立面材料由白色瓷砖和深绿色瓷砖贴面，勒脚采用 1∶2 水泥砂浆粉。

（2）北立面图。

1）图 2-16 按照房屋的朝向命名，即该图是房屋的背立面图，图的比例为 1∶100，图中表明建筑的层数是四层。

2）其他标高与正立面图相同，图 2-16 中标明了楼梯休息平台段的窗户的标高。

3）图 2-16 中标明了采用直径为 160mm 的 PVC 雨水管。

（3）东立面图。

1）图 2-17 按照房屋的朝向命名，即该图是房屋的右立面图，图的比例为 1∶100，图中表明建筑的层数是四层。

2）其他标高与正立面图相同，图 2-17 中标明了建筑右侧窗户的标高。

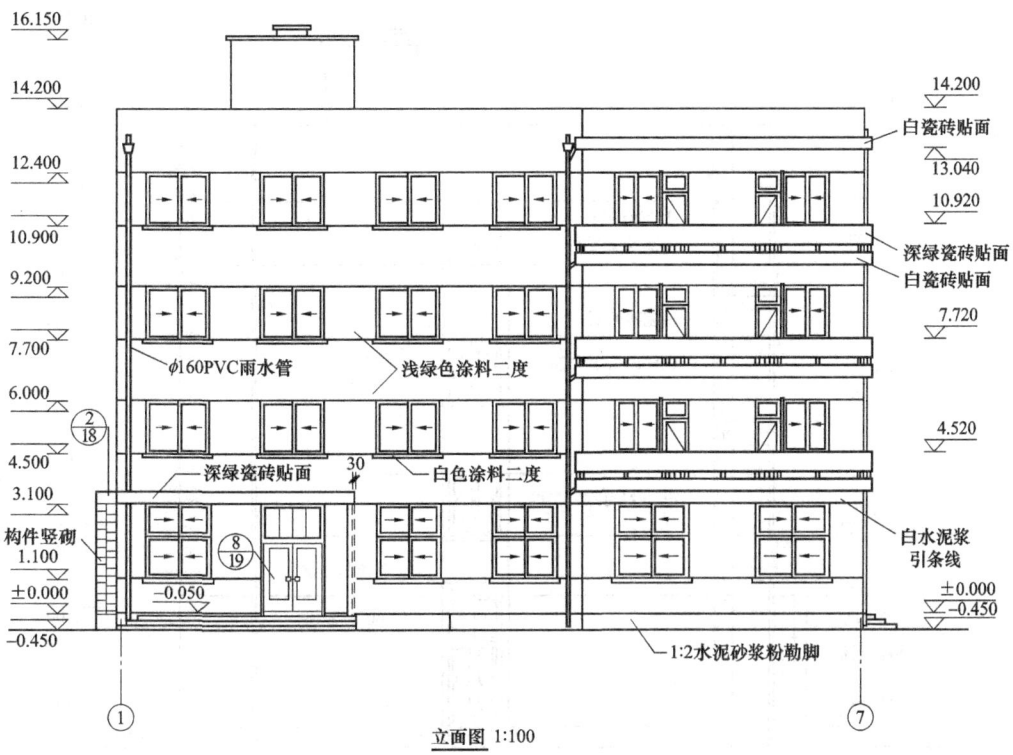

图 2-15 某办公楼南立面图

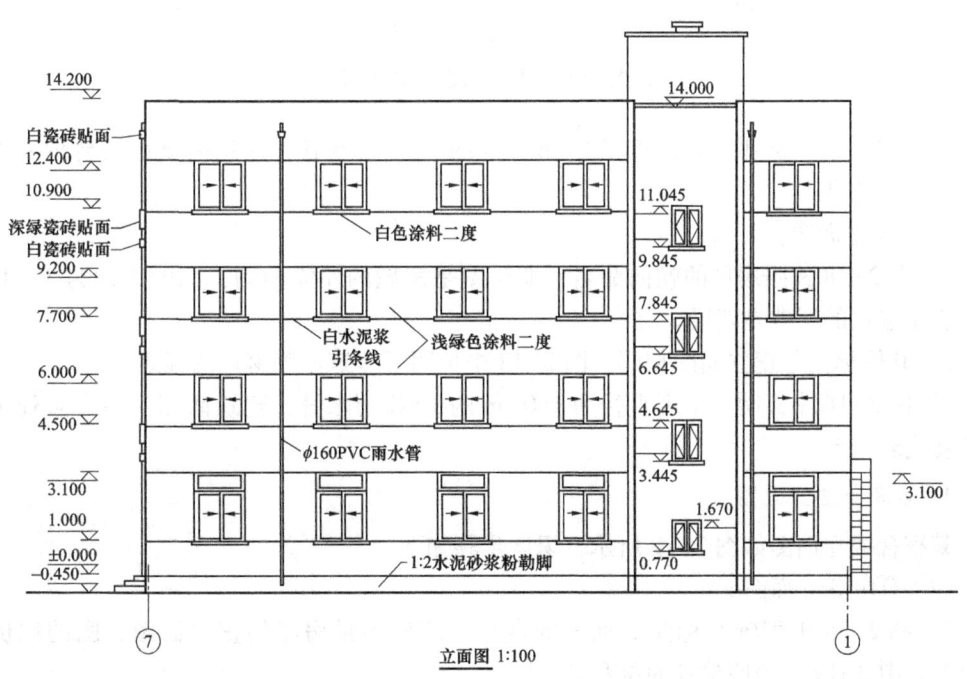

图 2-16 某办公楼北立面图

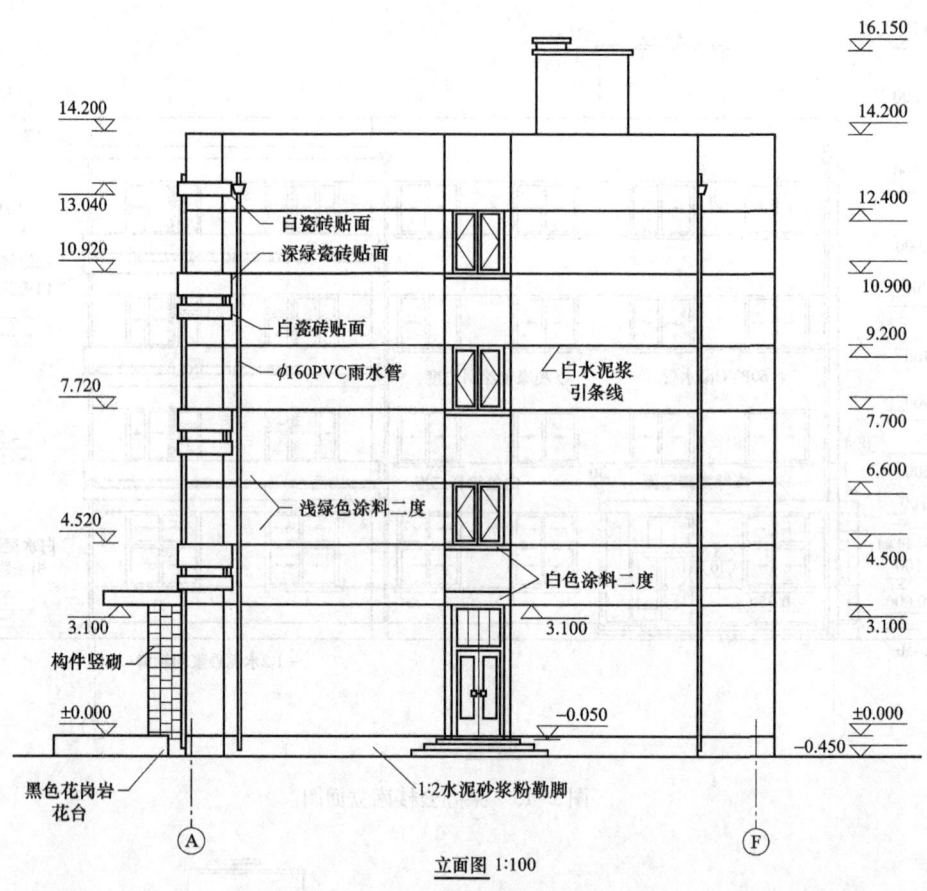

图 2-17　某办公楼东立面图

3）图 2-17 中标明了采用直径为 160mm 的 PVC 雨水管，建筑南侧正门台阶处采用黑色花岗岩花台。

（4）西立面图。

1）图 2-18 按照房屋的朝向命名，即该图是房屋的左立面图，图的比例为 1：100，图中表明建筑的层数是四层。

2）其他标高与正立面图相同，图 2-18 中标明了建筑左侧窗户的标高。

3）图 2-18 中标明了采用直径为 160mm 的 PVC 雨水管，建筑南侧正门台阶处采用黑色花岗岩花台。

2. 某宿舍楼立面图

某宿舍楼立面图如图 2-19 所示，识读步骤如下。

（1）①~⑤立面图。

1）图 2-19 采用轴线标注立面图的名称，即该图是房屋的正立面图，图的比例为 1：100，图 2-19 中表明建筑的层数是三层。

2）从右侧的尺寸、标高可知，该房屋室外地坪为 -0.300m。可以看出一层大门的底标高为 ±0.000m，顶标高为 2.400m；一层窗户的底标高为 0.900m，顶标高为 2.400m；

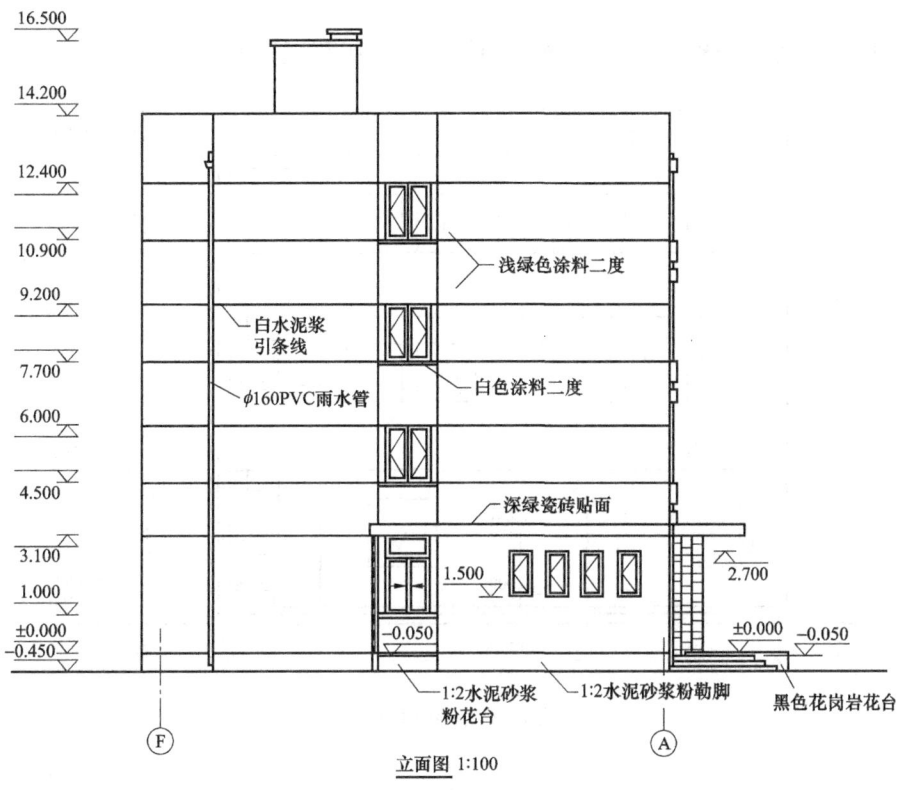

图 2-18　某办公楼西立面图

二、三层阳台栏板的顶标高分别为 4.400m、7.700m；二、三层门窗的顶标高分别为 5.700m、9.000m；底部因为栏板的遮挡，看不到，所以底标高没有标出。

3）图 2-19 中看出楼梯位于正立面图的右侧，上行的第一跑位于⑤号轴线处，每层有两跑到达。

4）从顶部引出线看到，建筑的外立面材料由浅黄色丙烯酸涂料饰面，内墙由白色丙烯酸涂料饰面，女儿墙上的坡屋檐由红色西班牙瓦饰面。

（2）⑤~①立面图。

1）图 2-19 采用轴线标注立面图的名称，即该图是房屋的背立面图，图的比例为 1：100，图 2-19 中表明建筑的层数是三层。

2）从右侧的尺寸、标高可知，该房屋室外地坪为 -0.300m。可以看出一层窗户的底标高为 2.100m，顶标高为 2.700m；二层窗户的底标高为 4.200m，顶标高为 5.700m；三层窗户的底标高为 7.500m，顶标高为 9.000m。位于图面左侧的是楼梯间窗户，它的一层底标高为 2.550m，顶标高为 4.050m；二层底标高为 5.850m，顶标高为 7.350m。

3）从顶部引出线看到，建筑的背立面装饰材料比较简单，为白色丙烯酸涂料饰面。

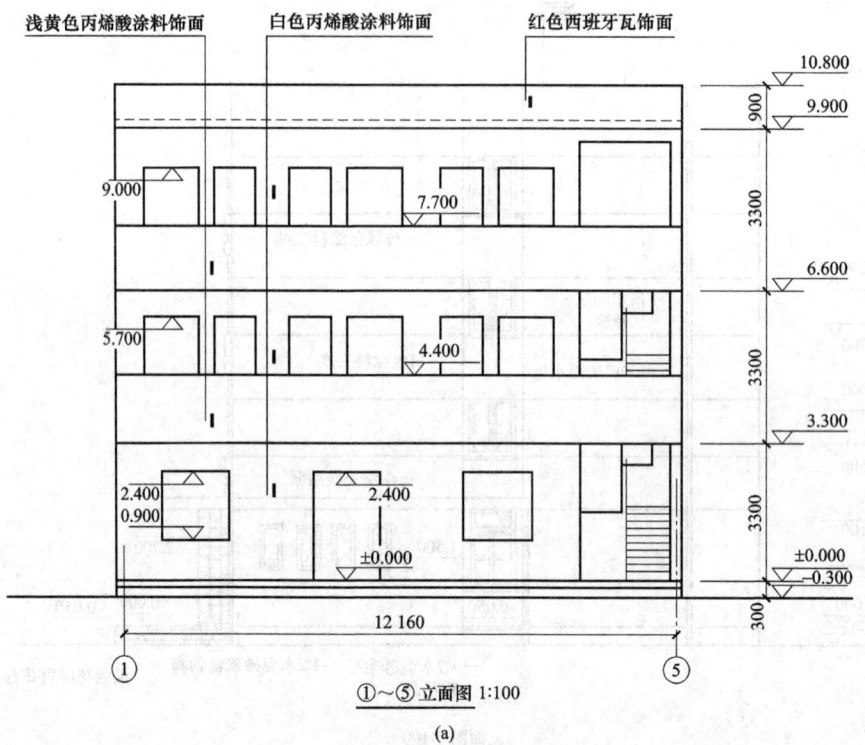

①～⑤立面图 1:100

(a)

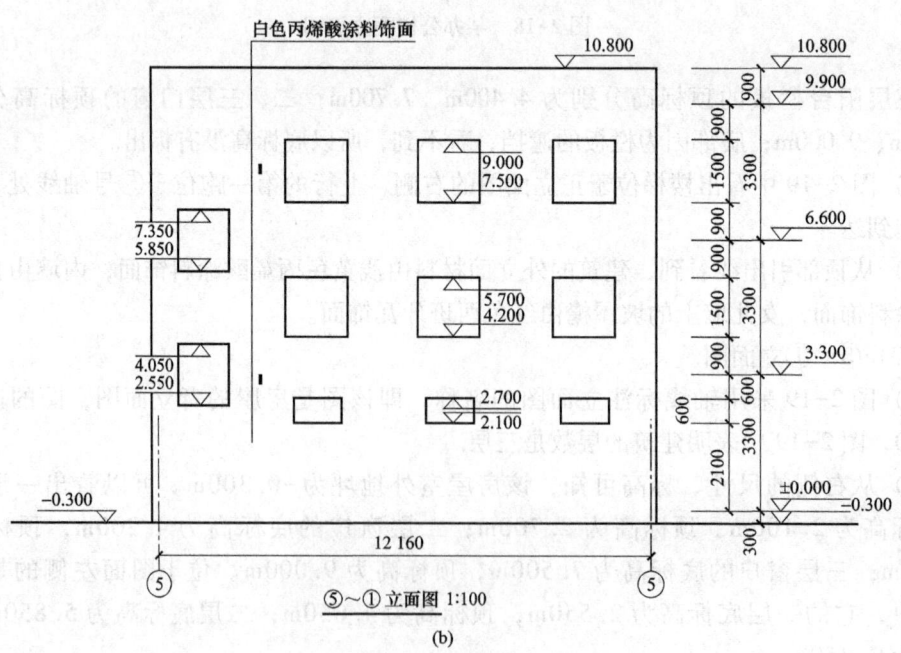

⑤～①立面图 1:100

(b)

图 2-19 某宿舍楼立面图
(a) ①～⑤立面图；(b) ⑤～①立面图

第七节　剖　面　图

一、概述

建筑剖面图的作用是对无法在平面图及立面图表述清楚的局部剖切以表述清建筑设计师对建筑物内部的处理，结构工程师能够在剖面图中得到更为准确的层高信息及局部地方的高低变化，剖面信息直接决定了剖切处梁相对于楼面标高的下沉或抬起，又或是错层梁，或有夹层梁，短柱等。同时对窗顶是框架梁充当过梁还是需要另设过梁有一个清晰的概念。

建筑剖面图一般是指建筑物的垂直剖面图，也就是假想用一个竖直平面去剖切房屋，移去靠近观察者视线的部分后的正投影图，简称剖面图，如图 3-27 及图 3-28 所示。

建筑剖面图的形成如图 2-20 所示。

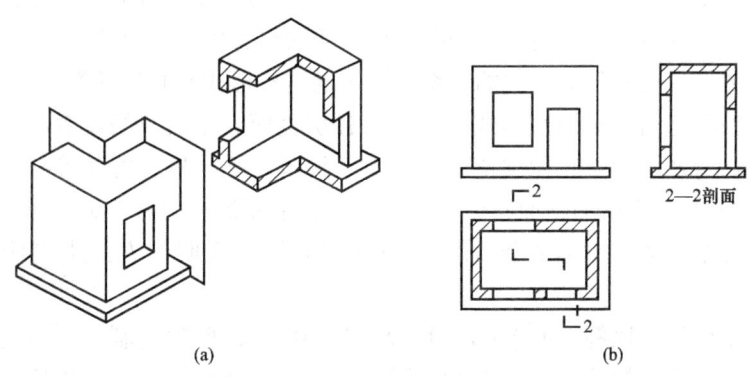

图 2-20　建筑剖面图的形成

（a）实物剖切；（b）绘图

剖切平面是假想的，由一个投影图画出剖面图后，其他投影图不受剖切的影响，仍然按剖切前的完整形体来画，不能画成半个。

建筑剖面图表示建筑物内部垂直方向的高度、楼层分层、垂直空间的利用以及简要的结构形式和构造方式等情况的图纸，如屋顶形式、屋顶坡度、檐口形式、楼板布置方式、楼梯的形式及其简要的结构、构造等。

剖面图的剖切位置，应选择在内部结构和构造比较复杂或有变化以及有代表性的部位，其数量视建筑物的复杂程度和实际情况而定。

剖面图的数量是根据房屋的具体情况和施工的实际需要决定的。剖切面一般为横向，即平行于侧面，必要时也可纵向，即平行于正面。其位置应选择在能反映出房屋内部构造的比较复杂和典型的部位，并应通过门窗洞的位置。若为多层房屋，剖切面应选择在楼梯间或层高不同、层数不同的部位。剖面图的图名应与平面图上所标注剖切符号的编号一致。

剖面图中的图线形体被切开后，移开部分的形体表面的可见轮廓线不存在了，在剖面图中不再画出。剖切平面所切到的实心体形成切断面。为了突出断面部分，剖面图中被剖到的构配件的轮廓线用粗实线绘制，断面轮廓范围内按国家标准规定画成材料图例，材料图例如不能指明形体的建筑材料时，则用间距相等、与水平线成45°角并相互平行的细实线作图例线。在剖面图中，除断面轮廓以外，其余投影可见的线均画成中粗实线。对于那些不重要的、不影响表示形体的虚线，一般省去不画。

为了方便看图，应把所画的剖面图的剖切位置、投影方向及剖面编号在与剖面图有关的投影图中，用剖切符号表示出来。通常剖面图中不标注剖切符号的情况是：通过门、窗口的水平剖面图，即建筑平面图；通过形体的对称平面、中心线等位置剖切所画出的建筑剖面图。

建筑剖面图的剖切位置通常选择在能表现建筑物内部结构，构造比较复杂、有变化、有代表性的部位。一般应通过门窗洞口、楼梯间及主要出入口等位置。必要时，还要采用几个平行的平面进行剖切。

建筑剖面图的主要任务是根据房屋的使用功能和建筑外观造型的需要，考虑层数、层高及建筑在高度方向的安排方式。它用来表示建筑物内部垂直方向的结构形式、分层情况、内部构造以及各部位的高度，同时还要表明房屋各主要承重构件之间的相互关系，如各层梁、板的位置及其与墙、柱的关系，屋顶的结构形式及其尺寸等。

地面以上的内部结构和构造形式，主要由各层楼面、屋面板的设置决定。在剖面图中，主要是表达清楚楼面层、屋顶层、各层梁、梯段、平台板、雨篷等与墙体间的连接情况。但在比例为1∶100的剖面图中，对于楼板、屋面板、墙身、天沟等详细构造的做法，不能直接详细地表达，往往要采用节点详图和施工说明的方式来表明构件的构造做法。

详图一般采用较大比例，如1∶1、1∶5、1∶10等，单独绘制，同时还要附加详细的施工说明。节点详图的特点是比例大，图示清楚，尺寸标注齐全，文字说明准确、详细。施工说明表达了图纸无法表达的重要内容，如设计依据、采用图集、细部构造的具体做法等。

一般情况下，简单的楼房有两个剖面图即可。一个剖面图表达建筑的层高、被剖切到的房间布局及门窗的高度等；另一个剖面图表达楼梯间的尺寸、每层楼梯的踏步数量及踏步的详细尺寸、建筑入口处的室内外高差、雨篷的样式及位置等。

有特殊设备的房间，如卫生间、实验室等，需用详图标明固定设备的位置、形状及其细部做法等。局部构造详图中如墙身剖面、楼梯、门窗、台阶、阳台等都要分别画出。有特殊装修的房间，需绘制装修详图，如吊顶平面图等。

建筑剖面图的所有内容都与建筑物的竖向高度有关，它主要用来确定建筑物的竖向高度。所以在看剖面图时，主要看它的竖向高度，并且要与平面图、立面图结合着看。在剖面图中，主要房间的层高是影响建筑高度的主要因素，为保证使用功能齐全、结构合理、构造简单，应结合建筑规模、建筑层数、用地条件和建筑造型，进行相应的处理。

在施工过程中，依据建筑剖面图进行分层，砌筑内墙，铺设楼板、屋面板和楼梯，内部装修等工作。

建筑剖面图与建筑立面图、建筑平面图结合起来表示建筑物的全局，因而建筑平面图、立面图、剖面图是建筑施工最基本的图纸。

二、内容

（1）建筑剖面图的图名用阿拉伯数字、罗马数字或拉丁字母加"剖面图"形成。

（2）建筑剖面图的比例常用1∶100，有时为了专门表达建筑的局部时，剖面图比例可以用1∶50。

（3）在建筑剖面图中，定位轴线的绘制与平面图中相似，通常只需画出承重外墙体的轴线及编号。轻质隔墙或其他非重要部位的轴线一般不用画出，需要时，可以标明到最临近承重墙体轴线的距离。

（4）剖切到的构配件主要有：剖切到的屋面（包括隔热层及吊顶），楼面，室内外地面（包括台阶、明沟及散水等），内外墙身及其门、窗（包括过梁、圈梁、防潮层、女儿墙及压顶），各种承重梁和联系梁，楼梯梯段及楼梯平台，雨篷及雨篷梁，阳台，走廊等。

（5）在建筑剖面图中，因为室内外地面的层次和做法一般都可以直接套用标准图集，所以剖切到的结构层和面层的厚度在使用1∶100的比例时只需画两条粗实线表示，使用1∶50的比例时，除了画两条粗实线外，还需在上方再画一条细实线表示面层，各种材料的图块要用相应的图例填充。

（6）楼板底部的粉刷层一般不用表示，其他可见的轮廓线如门窗洞口、内外墙体的轮廓、栏杆扶手、踢脚、勒脚等均要用粗实线表示。

（7）有地下室的房屋，还需画出地下部分的室内外地面及构件，下部截止到地面以下基础墙的圈梁以下，用折断线断开。除了此种情况以外，其他房屋则不需画出室内外地面以下的部分。

（8）在剖面图中，主要表达清楚的是楼地面、屋顶、各种梁、楼梯段及平台板、雨篷与墙体的连接等。当使用1∶100的比例时，这些部位很难显示清楚。被剖切到的构配件当比例小于1∶100时，可简化图例，如钢筋混凝土可涂黑；比较复杂的部位，常采用详图索引的方式另外引出，再画出局部的节点详图，或直接选用标准图集的构造做法。楼梯间的剖面，要表达清楚被剖切到的梯段和休息平台的断面形式；没有被剖切到的梯段，要绘出楼梯扶手的样式投影图。

（9）在剖面图中，主要表达的是剖切到的构配件的构造及其做法，所以常用粗实线表示。对于未剖切到的可见的构配件，也是剖面图中不可缺少的部分，但不是表现的重点，所以常用细实线表示，和立面图中的表达方式基本一样。

（10）剖面图的尺寸标注一般有外部尺寸和内部尺寸之分。在剖面图之中，室外地坪、外墙上的门窗洞口、檐口、女儿墙顶部等处的标高，以及与之对应的竖向尺寸、轴线间距尺寸、窗台等细部尺寸为外部尺寸；室内地面、各层楼面、屋面、楼梯平台的标高及室内门窗洞的高度尺寸为内部尺寸。

在剖面图中标高的标注，在某些位置是必不可少的，如每层的层高处、女儿墙顶部、室内外地坪处、剖切到但又未标明高度的门窗顶底处、楼梯的转向平台、雨篷等。

对于剖面图中不能用图纸的方式表达清楚的地方，应加以适当的施工说明来注释。详图索引符号用于引出详图。

三、识图

（1）先看图名、轴线编号和绘图比例。将剖面图与底层平面图对照，确定建筑剖切的位置和投影的方向，从中了解剖面图表现的是房屋哪部分、向哪个方向的投影。

（2）看建筑重要部位的标高，如女儿墙顶的标高、坡屋面屋脊的标高、室外地坪与室内地坪的高差、各层楼面及楼梯转向平台的标高等。

（3）看楼地面、屋面、檐线及局部复杂位置的构造。楼地面、屋面的做法通常在建筑施工图的第一页建筑构造中选用了相应的标准图集，与图集不同的构造通常用一引出线指向需要说明的部位，并按其构造层次依次列出材料等说明，有时绘制在墙身大样图中。

（4）看剖面图中某些部位坡度的标注，如坡屋面的倾斜度、平屋面的排水坡度、入口处的坡道、地下室的坡道等需要做成斜面的位置，通常这些位置标注的都有坡度符号，如 1% 或 1:10 等。

（5）看剖面图中有无索引符号。剖面图不能表达清楚的地方，应注有索引符号，对应详图看剖面图，才能将剖面图真正看明白。

四、范例

1. 某办公大楼剖面图

某办公大楼剖面图如图 2-21 所示，识读步骤如下。

（1）图中反映了该楼从地面到屋面的内部构造和结构形式，该剖面图还可以看到正门的台阶和雨篷。

（2）基础部分一般不画，它在"结施"基础图中表示。

（3）图中给出该楼地面以上最高高度为 16.150m，一层、四层楼层高 3.6m，二层、三层楼层高 3.2m，屋顶围墙高 1.4m。

2. 某企业员工宿舍楼剖面图

某企业员工宿舍楼剖面图如图 2-22 和图 2-23 所示，识读步骤如下。

（1）1—1 剖面图。

1）看图名和比例可知，该剖面图为 1—1 剖面图，比例为 1:100。对应建筑的首层平面图，找到剖切的位置和投射的方向。

2）1—1 剖面图表示的都是建筑Ⓐ~Ⓕ轴之间的空间关系，表达的主要是宿舍房间及走廊的部分。

3）从图 2-22 中可以看出，该房屋为五层楼房，平屋顶，屋顶四周有女儿墙，为混合结构。屋面排水采用材料找坡 2% 的坡度；房间的层高分别为 ±0.000m、3.300m、6.600m、9.900m、13.200m。屋顶的结构标高为 16.500m。宿舍的门高度为

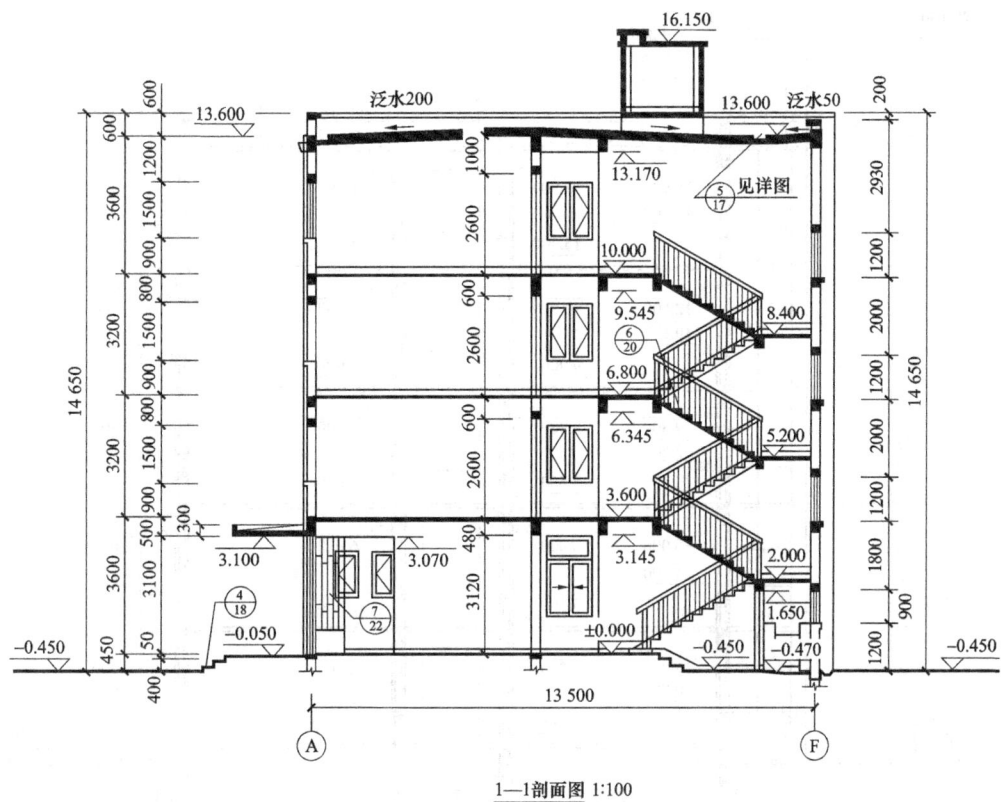

1—1剖面图 1:100

图 2-21　某办公大楼 1—1 剖面图

2700mm，窗户高度为 1800mm，窗台离地 900mm。走廊端部的墙上中间开一窗，窗户高度为 1800mm。剖切到的屋顶女儿墙高 900mm，墙顶标高为 17.400m。能看到的但未剖切到的屋顶女儿墙高低不一，高度分别为 2100mm、2700mm、3600mm，墙顶标高为 18.600m、19.200m、20.100m。从建筑底部标高可以看出，此建筑的室内外高差为 450mm。底部的轴线尺寸标明，宿舍房间的进深尺寸为 5400mm，走廊宽度为 2800mm。另外有局部房间尺寸凸出主轴线，如Ⓐ轴到Ⓑ轴间距 1500mm，Ⓔ轴到Ⓕ轴间距 900mm。

（2）2—2 剖面图。

1）看图名和比例可知，该图为 2—2 剖面图，比例为 1：100。对应建筑的首层平面图，找到剖切的位置和投射的方向。

2）2—2 剖面图表示的都是建筑Ⓐ~Ⓕ轴之间的空间关系。表达的主要是楼梯间的详细布置及与宿舍房间的关系。

3）从 2—2 剖面图可以看出建筑的出入口及楼梯间的详细布局。在Ⓔ轴处为建筑的主要出入口，门口设有坡道，高 150mm（从室外地坪标高-0.45m 和楼梯间门内地面标高-0.300m 可算出）；门高 2100mm（从门的下标高为-0.300m，上标高 1.800m 得出）；门口上方设有雨篷，雨篷高 400mm，顶标高为 2.380m。进入到楼梯间，地面标高为

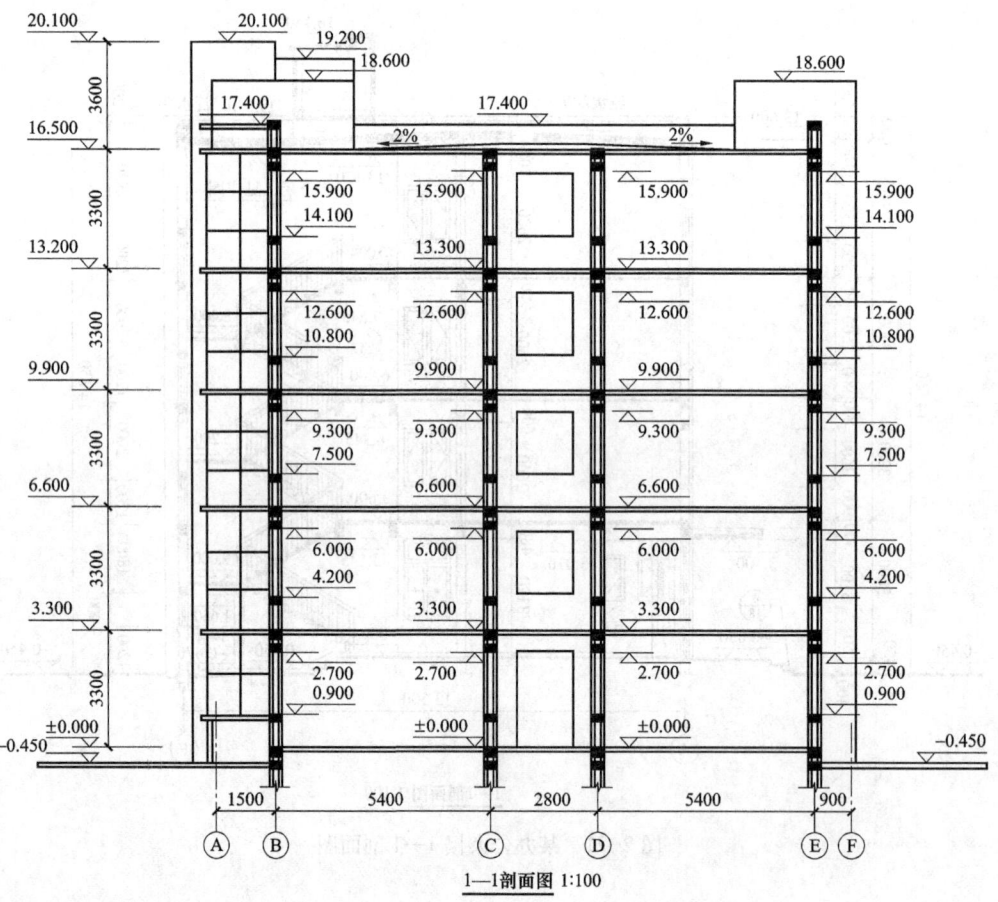

1—1剖面图 1:100

图2-22 某企业员工宿舍楼 1—1 剖面图

-0.300m，通过两个总高度为300mm的踏步上到一层房间的室内地面高度（即±0.000m标高处）。

4）每层楼梯都是由两个梯段组成。除一层外，其余梯段的踏步数量及宽高尺寸均相同。一层的楼梯特殊些，设置成了长短跑。即第一个梯段较长（共有13个踏步面，每个踏步300mm，共有3900mm长），上的高度较高（共有14个踏步高，每个踏步高150mm，共有2100mm高）；第二个梯段较短（共有7个踏步面，每个踏步300mm，共有2100mm长），上的高度较低（共有8个踏步高，每个踏步高150mm，共有1200mm高）。这样做的目的主要是将一层楼梯的转折处的中间休息平台抬高，使行人在平台下能顺利通过。可以看出，休息平台的标高为2.100m，地面标高为-0.300m，所以下面空间高度（包含楼板在内）为2400mm。除去楼梯梁的高度350mm，平台下的净高为2050mm。这样就满足了《民用建筑设计通则》6.7.5条"楼梯平台上部及下部过道处的净高不应小于2m"的规定。二层到五层的楼梯均由两个梯段组成，每个梯段有11个踏步，踏步的高150mm、宽300mm，所以梯段的长度为 300mm×10 = 3300mm，高度为150mm×11 = 1650mm。楼梯间休息平台的宽度均为1800mm，标高分别为2.100m、4.950m、8.250m、

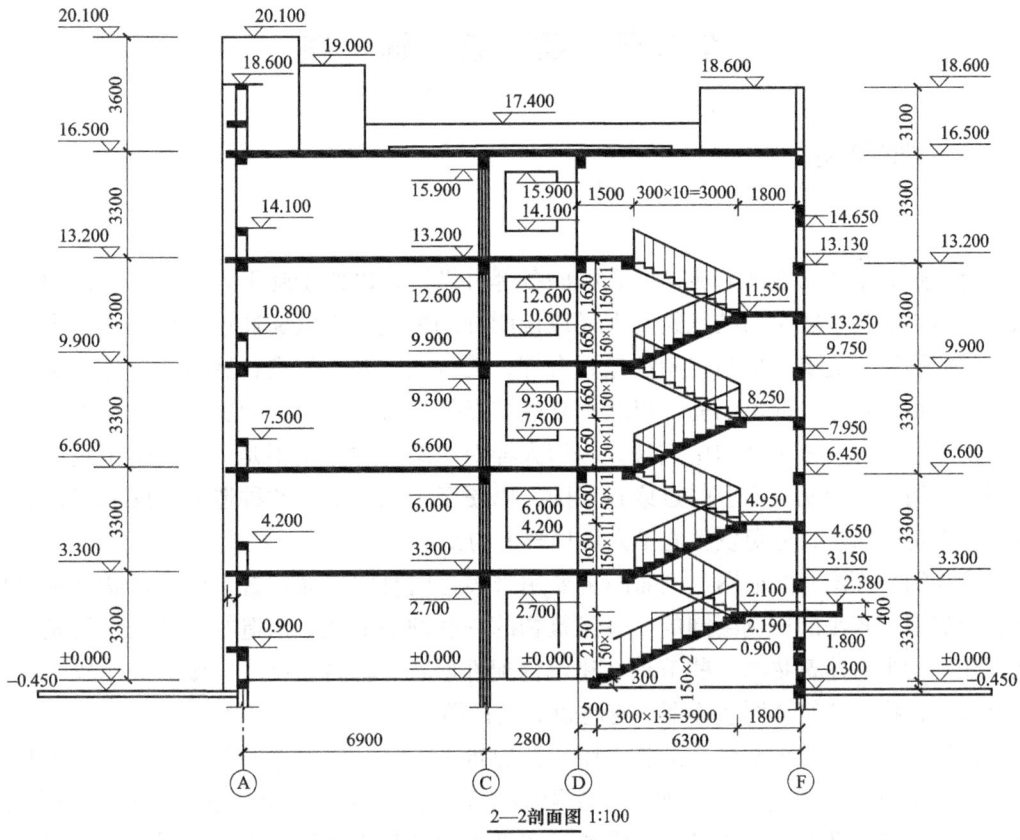

2—2剖面图 1:100

图 2-23　某企业员工宿舍楼 2—2 剖面图

11.550m。在每层楼梯间都设有窗户，窗的底标高分别为 3.150m、6.450m、9.750m、13.150m，窗的顶标高分别为 4.650m、7.950m、11.250m、14.650m。每层楼梯间的窗户距中间休息平台高 1500mm。

5）与 1—1 剖面图不同的是，走廊底部是门的位置。门的底标高为 ±0.000m，顶标高为 2.700m。1—1 剖面图的①轴线表明是被剖切到的是一堵墙；而 2—2 剖面图只是画了一个单线条，并且用细实线表示，它说明走廊与楼梯间是相通的，该楼梯间不是封闭的楼梯间，人流可以直接走到楼梯间再上到上面几层。单线条是可看到的楼梯间两侧墙体的轮廓线。

6）另外，在Ⓐ轴线处的窗户与普通窗户设置方法不太一样。它的玻璃不是直接安在墙体中间的洞口上的，而是附在墙体外侧，并且通上一直到达屋顶的女儿墙的装饰块处的。实际上，它就是一个整体的玻璃幕墙，在外立面看，是一个整块的玻璃。玻璃幕墙的做法有隐框和明框之分，详细做法可以参考标准图集。每层层高处在外墙外侧伸出装饰性的挑檐，挑檐宽 300mm，厚度与楼板相同。每层窗洞口的底标高分别为 0.900m、4.200m、7.500m、10.800m、14.100m，窗洞口顶标高由每层的门窗过梁决定（用每层层高减去门窗过梁的高度可以得到）。

第八节　建　筑　详　图

一、详图概述

1. 概述

建筑师为了更为清晰的表述建筑物的各部分做法，以便于施工人员了解自己的设计意图，需要对构造复杂的结点绘制大样以说明详细做法，不仅要通过结点图进一步了解建筑师的构思，更要分析结点画法是否合理，能否在结构上实现，然后通过计算验算各构件尺寸是否足够，配出钢筋。当然，有些结点是不需要结构师配筋的但结构师也需要确定该结点能否在整个结构中实现。门窗大样对于结构师作用不是太大，但个别特别的门窗，结构师须绘制立面上的过梁布置图，以便于施工人员对此种造型特殊的门窗过梁有一个确定的做法，避免发生施工人员理解上的错误。

建筑的平面图、立面图、剖面图主要用来表达建筑的平面布置、外部形状和主要尺寸，但都是用较小的比例绘制的，而建筑物的一些细部形状、构造等无法表示清楚。因此，在实际中对建筑物的一些节点、建筑构配件形状、材料、尺寸、做法等用较大比例图纸表示，称为建筑详图或详图，有时也称大样图。

建筑详图是建筑细部构造的施工图，是建筑平、立、剖面图的补充。建筑详图其实就是一个重新设计的过程。平面图、立面图、剖面图是从总体上对建筑物进行的设计，建筑详图是在局部对建筑物进行的设计。图纸画出来最终是给施工人员看的，施工人员再按照图纸的要求进行施工。所以，任何需要表达清楚的地方，都要画出详图，否则施工人员会无从下手。至于各个专业之间的交接问题，以民用建筑为例，建筑专业画出平面图后（立面图、剖面图在提交时并不必须有），向结构、电气、给水排水、暖通专业提交，结构、电气、给水排水、暖通专业在收到条件后，根据要求进行各自的工作；完成布置图后，各自向建筑专业提交条件；建筑专业根据其他专业的反交接内容，完善自己的图纸。最后，在出图前，相互交接的各专业进行会签确认。

图集是一种提高设计效率的工具。常见的构造详图一般有设计单位编制成的标准详图图集，很多详图都能够在图集中找到。图集中对各个节点的做法都有详细的说明，并明确了其适用范围。在不需要改动的情况下，可以根据图集说明直接选用图集内容，只需在图纸中注明选用的图集名称、图集号、节点所在页码、页码中的节点编号即可；如果需要改动，可以参考图集中的相关内容进行节点绘制。在改动较小的情况下，在图纸中可以仅表示改动内容，其他的在说明中注明按照图集相关内容施工即可。

建筑平面图、立面图、剖面图一般用较小的比例，在这些图上难以表示清楚建筑物的某些部位（如阳台、雨水管等）和一些构造节点（如檐口、窗台、勒脚、明沟等）的形状、尺寸、材料。由此可见，建筑详图是建筑细部构造的施工图，是建筑平面图、剖面图、立面图等基本图纸的补充和深化，是建筑工程的细部施工、建筑构配件的制作和预算编制的依据。对于套用标准图或通用图的建筑构配件和节点，只要注明所套用图集的名称、型号和页次等符号，可不必再画详图。对于建筑构造节点详图，除了要在平面图、剖面图、立面图的有关部位绘注索引符号，还应在图上绘注详图符号和写明详图名称，以便对照查阅。对于建筑构配件详图，一般只要在所画的详图上写明该建筑构配件的名称和型号，不必在平面图、剖面图、立面图上绘索引符号。

建筑详图的特点是比例大，反映的内容详尽，常用的比例有 1∶50、1∶20、1∶10、1∶5、1∶2、1∶1 等。建筑详图一般包括局部构造详图（如楼梯详图、厨卫大样、墙身详图等）、构件详图（如门窗详图、阳台详图等）以及装饰构造详图（如墙裙构造详图、门窗套装饰构造详图）三类详图。

建筑详图要求图示的内容清楚，尺寸标准齐全，文字说明详尽，一般应表达出构配件的详细构造，所用的各种材料及其规格，各部分的构造连接方法及其相对位置关系，各部位、各细部的详细尺寸，有关施工要求、构造层次及制作方法说明等。同时，建筑详图必须加注图名（或详图符号），详图符号应与被索引的图纸上的索引符号相对应，还要在详图符号的右下侧注写比例。对于套用标准图集或通用图集的建筑构配件或节点，只需注明所套用图集的名称、编号、页次等，可不必另画详图。

2. 内容

① 详图名称、比例。② 详图符号、编号以及再需另画详图时的索引符号。③ 建筑构配件的形状以及与其他构配件的详细构造、层次、有关的详细尺寸和材料图例等。④ 详细注明各部位和层次的用料、做法、颜色以及施工要求等。⑤ 需要画上的定位轴线及其编号。⑥ 要标注的标高等。

3. 识图技巧

（1）明确该详图与有关图的关系，根据所采用的索引符号、轴线编号、剖切符号等明确该详图所示部分的位置，将局部构造与建筑物整体联系起来，形成完整的概念。

（2）识读建筑详图的时候，要细心研究，掌握有代表性的部位的构造特点，并灵活运用。

（3）一个建筑物由许多构配件组成，而它们多数属相同类型，因此只要了解其中一个或两个的构造及尺寸，就可以类推其他构配件。

二、楼梯详图

1. 概述

楼梯是每一个多层建筑必不可少的部分，也是非常重要的一个部分，楼梯大样又分为楼梯各层平面及楼梯剖面图，结构师也需要仔细分析楼梯各部分的构成，是否能够构成一个整体，在进行楼梯计算的时候，楼梯大样图就是唯一的依据，所有的计算数据都是取得之楼梯大样图，所以在看楼梯大样图时也必须将梯梁，梯板厚度及楼梯结构形式考虑清晰。

楼梯详图就是楼梯间平面图及其剖面图的放大图，如图 3-29～图 3-32 所示。楼梯详图主要反映楼梯的类型、结构形式、各部位的尺寸及踏步、栏板等装饰做法。它是楼梯施工、放样的主要依据。

2. 内容

（1）楼梯平面图。楼梯平面图是用一个假想的水平剖切平面通过每层向上的第一个梯段的中部（休息平台下）剖切后，向下作正投影所得到的投影图。楼梯平面图的绘图比例一般采用 1：50。楼梯平面图的剖切位置，除顶层在安全栏杆（栏板）之上外，其余各层均在上行第一跑中间。与楼地面平行的面称为踏面，与楼地面垂直的面称为踢面。各层下行梯段不用剖切。

楼梯平面图实质上是房屋各层建筑平面图中楼梯间的局部放大图，通常采用 1：50 的比例绘制。三层以上房屋的楼梯，当中间各层楼梯位置、梯段数、踏步数都相同时，通常只画出底层、中间层（标准层）和顶层三个平面图；当各层楼梯位置、梯段数、踏步数不相同时，应画出各层的楼梯平面图。各层被剖切到的梯段，均在平面图中以 45°细折断线表示其断开的位置。在每一梯段处画带有箭头的指示线，并注写"上"或"下"字样。

通常情况下，楼梯平面图画在同一张图纸内，并互相对齐，这样既便于识读又可省略标注一些重复尺寸。

楼梯平面图的图示内容如下：

1）楼梯间轴线的编号、开间和进深尺寸。

2）梯段、平台的宽度及梯段的长度；梯段的水平投影长度－踏步宽×（踏步数－1），因为最后一个踏步面与楼层平台或中间平台面齐平，故减去一个踏步面的宽度。

3）楼梯间墙厚、门窗的位置。

4）楼梯的上下行方向（用细箭头表示，用文字注明楼梯上下行的方向）。

5）楼梯平台、楼面、地面的标高。

6）首层楼梯平面图中，标明室外台阶、散水和楼梯剖面图的剖切位置。

（2）楼梯剖面图。楼梯剖面图是用一假想的铅垂剖切平面，通过各层的同一位置梯段和门窗洞口，将楼梯剖开向另一未剖到的梯段方向作正投影所得到的投影图。

楼梯剖面图的绘制楼梯剖面图通常采用 1：50 的比例绘制。在多层房屋中，若中间各层的楼梯构造相同，则剖面图可只画出底层、中间层（标准层）和顶层三个剖面图，中间用折断线分开；当中间各层的楼梯构造不同时，应画出各层剖面图。楼梯剖面图宜和楼梯平面图画在同一张图纸上，屋顶剖面图可以省略不画。

楼梯剖面图的图示内容如下：

1）绘图比例常用 1：50。

2）剖切位置应选择在通过第一跑梯段及门窗洞口，并向未剖切到的第二跑梯段方向投影。

3）被剖切到的楼梯梯段、平台、楼层的构造及做法。

4）被剖切到的墙身与楼板的构造关系。

5）每一梯段的踏步数及踏步高度。

6）各部位的尺寸及标高。

7）楼梯可见梯段的轮廓线及详图索引符号。

（3）楼梯节点详图。楼梯节点详图主要包括楼梯踏步、扶手、栏杆（或栏板）等的详图。踏步应标明踏步宽度、踢面高度以及踏步上防滑条的位置、材料和做法，防滑条材料常采用马赛克、金刚砂、铸铁或有色金属。

为了保障人们的行走安全，在楼梯梯段或平台临空一侧，设置栏杆和扶手。在详图中主要标明栏杆和扶手的形式、材料、尺寸以及栏杆与扶手、踏步的连接，常选用建筑构造通用图集中的节点做法，与详图索引符号对照可查阅相关标准图集，得到它们的断面形式、细部尺寸、用料、构造连接和面层装修做法等。

3. 识图

（1）了解图名、比例。

（2）了解轴线编号和轴线尺寸。

（3）了解房屋的层数、楼梯梯段数、踏步数。

（4）了解楼梯的竖向尺寸和各处标高。

（5）了解踏步、扶手、栏板的详图索引符号。

4. 范例

（1）某企业楼梯详图。某企业楼梯详图如图 2-24 和图 2-25 所示，识读步骤如下：

1）某企业楼梯平面图。

① 由楼梯平面图可知，此楼梯位于横向⑥~⑧（⑲~㉑、㉘~㉚、㊱~㊳）轴线、纵向Ⓔ~Ⓛ轴线之间。

② 该楼梯间平面为矩形与矩形的组合，上部分为楼梯间，下部分为电梯间。楼梯间的开间尺寸为 2600mm，进深为 6200mm，电梯间的开间尺寸为 2600mm，进深为 2200mm；楼梯间的踏步宽为 260mm，踏步数一层为 14 级，二层以上均为 9 级+9 级 = 18 级。

③ 由各层平面图上的指示线，可看出楼梯的走向，第一个梯段最后一级踏步距Ⓛ轴 1300mm。

④ 各楼层平面的标高在图中均已标出。

⑤ 中间层平面图既要画出剖切后的上行梯段（注有"上"字），又要画出该层下行的完整梯段（注有"下"字）。继续往下的另一个梯段有一部分投影可见，用 45°折断线作为分界，与上行梯段组合成一个完整的梯段。各层平面图上所画的每一分格，表示一级踏面。平面图上梯段踏面投影数比梯段的步级数少 1，如平面图中往下走的第一段共有 14 级，而在平面图中只画有 13 格，梯段水平投影长为 260mm×13 = 3380mm。

⑥ 楼梯间的墙为 200mm；门的编号分别为 M-1、M-4；窗的编号为 C-11。门窗的规格、尺寸详见门窗表。

⑦ 找到楼梯剖面图在楼梯底层平面图中的剖切位置及投影方向。

2）某企业楼梯剖面图。

① 由图 2-25 可知，比例为 1∶50。

② 该剖面墙体轴线编号为 K，其轴线尺寸为 14 000mm。

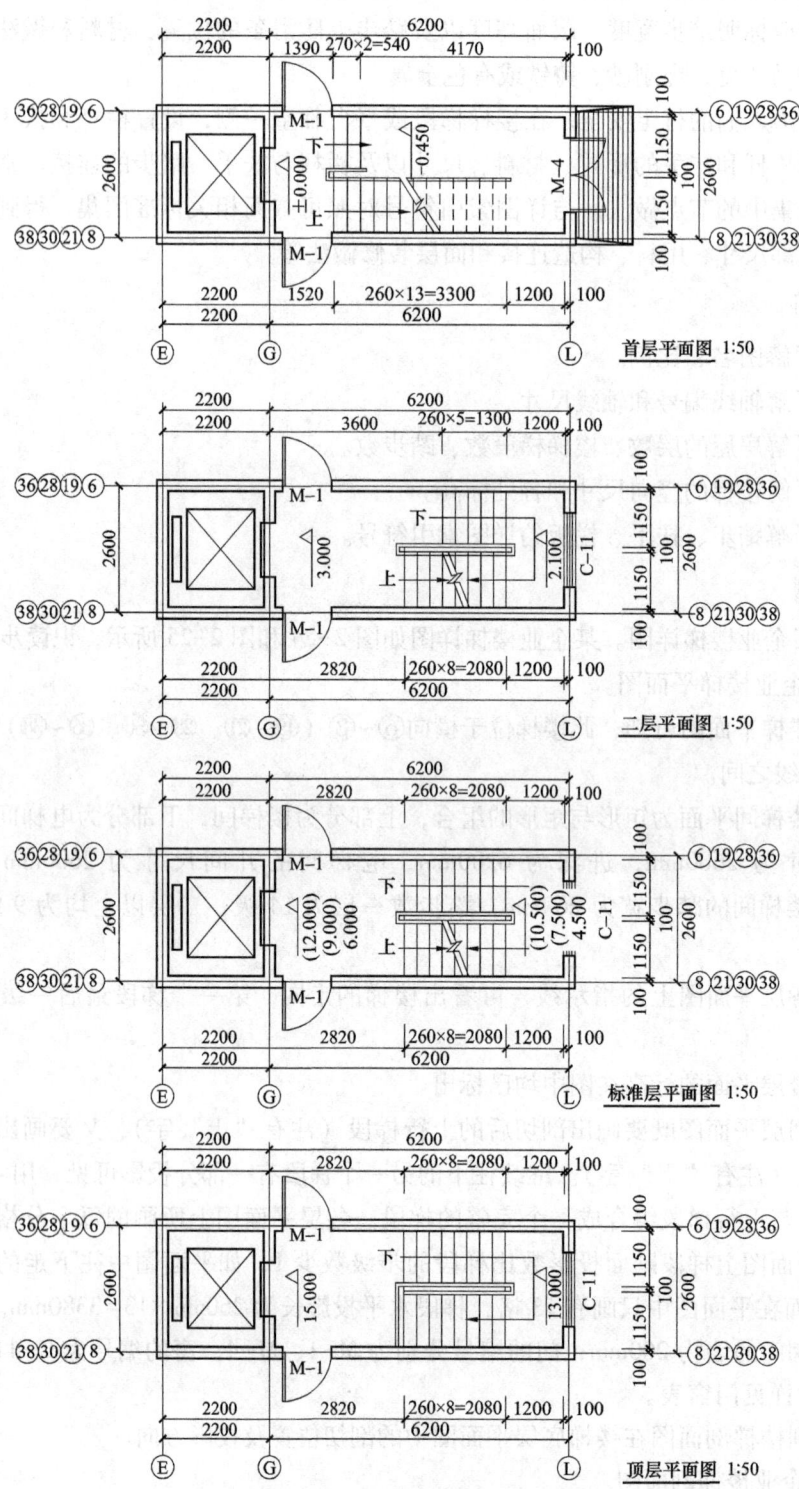

图 2-24　某企业楼梯平面图

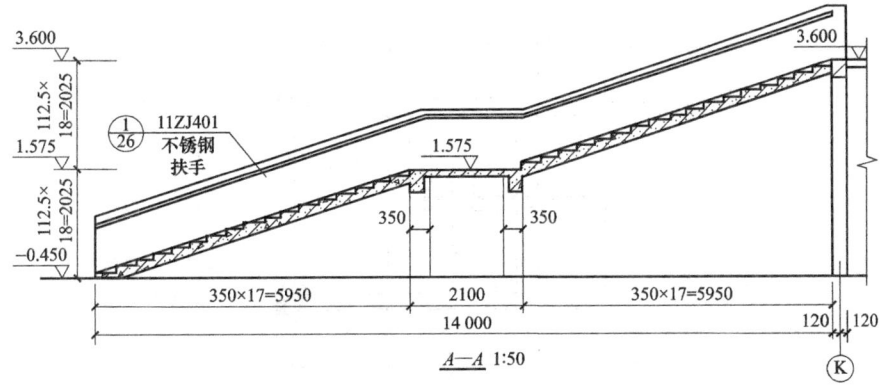

图 2-25　某企业楼梯剖面图

③ 该楼梯为室外公共楼梯，只有一层，梯段数和踏步数如图 2-25 所示。它是由两个梯段和一个休息平台组成的，尺寸线上的"350mm×17＝5950mm"表示每个梯段的踏步宽为 350mm，由 17 级形成；高为 112.5mm；中间休息平台宽为 2100mm。

④ 图 2-25 的左侧注有每个梯段高"18×112.5mm＝2025mm"，其中"18"表示踏步数，"112.5mm"表示踏步高，并且标出楼梯平台处的标高为 1.575m。

⑤ 从剖面图中的索引符号可知，扶手、栏板和踏步均从标准图集 11ZJ401 中选用。

（2）某宿舍楼楼梯详图。某宿舍楼楼梯详图如图 2-26 ~ 图 2-28 所示，识读步骤如下。

1）楼梯平面图。

① 该宿舍楼楼梯平面图中，楼梯间的开间为 2700mm，进深为 4500mm。

② 由于楼梯间与室内地面有高差，先上了 5 级台阶。每个梯段的宽度都是 1200mm（底层除外），梯段长度为 3000mm，每个梯段都有 10 个踏面，踏面宽度均为 300mm。

③ 楼梯休息平台的宽度为 1350mm，两个休息平台的高度分别为 1.700m、5.100m。

④ 楼梯间窗户宽为 1500mm。楼梯顶层悬空的一侧，有一段水平的安全栏杆。

2）楼梯剖面图。

① 该宿舍楼楼梯剖面图中，从底层平面图中可以看出，是从楼梯上行的第一个梯段剖切的。楼梯每层有两个梯段，每一个梯段有 11 级踏步，每级踏步高 1545mm，每个梯段高 1700mm。

② 楼梯间窗户和窗台高度都为 1000mm。楼梯基础、楼梯梁等构件尺寸应查阅结构施工图。

3）楼梯节点详图。

① 楼梯的扶手高 900mm，采用直径 50mm、壁厚 2mm 的不锈钢管，楼梯栏杆采用直径 25mm、壁厚 2mm 的不锈钢管，每个踏步上放两根。

② 扶手和栏杆采用焊接连接。

③ 楼梯踏步的做法一般与楼地面相同。踏步的防滑采用成品金属防滑包角。

④ 楼梯栏杆底部与踏步上的预埋件 M-1、M-2 焊接连接，连接后盖不锈钢法兰。

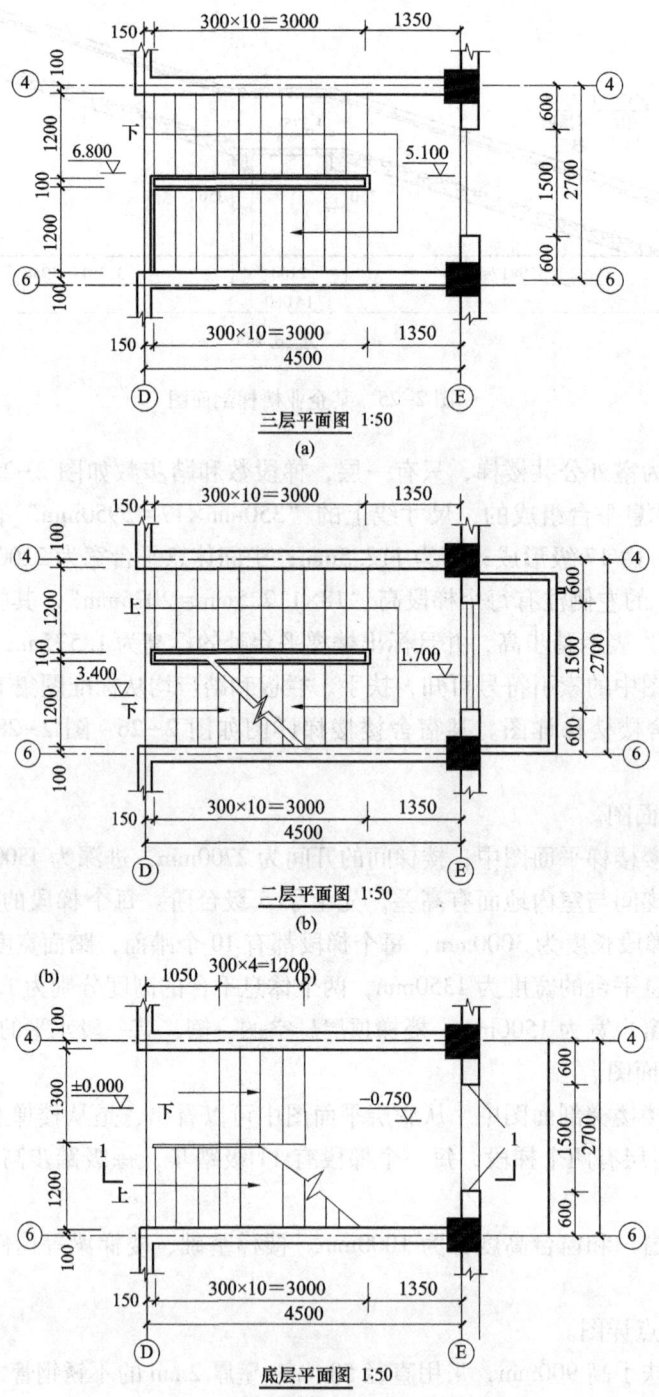

图 2-26 某宿舍楼楼梯平面图

(a) 三层平面图；(b) 二层平面图；(c) 底层平面图

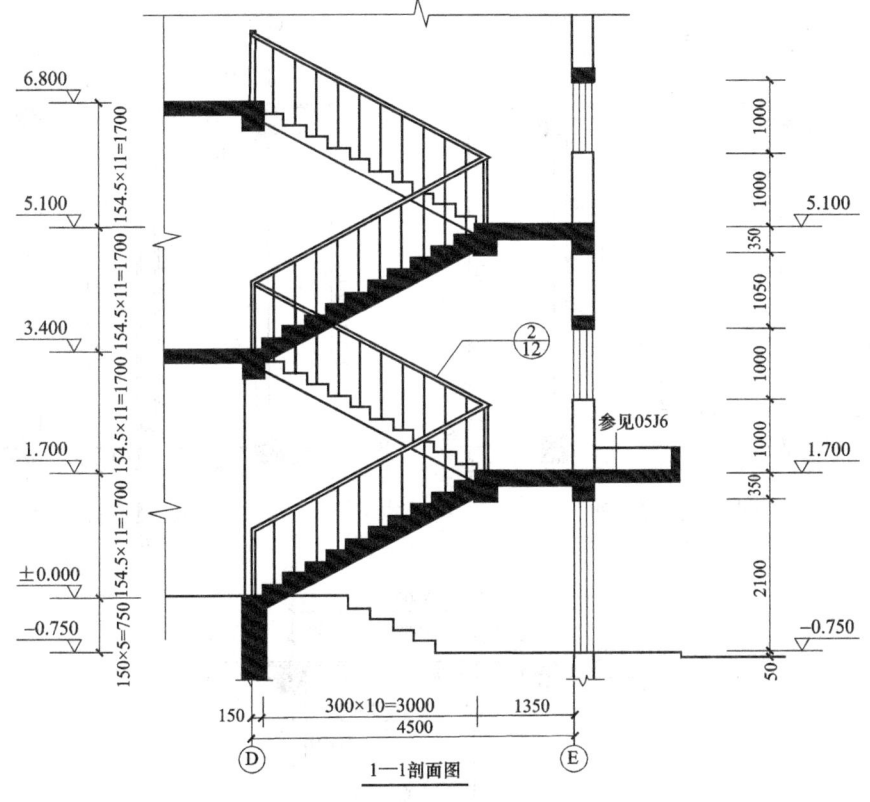

图 2-27　某宿舍楼楼梯剖面图

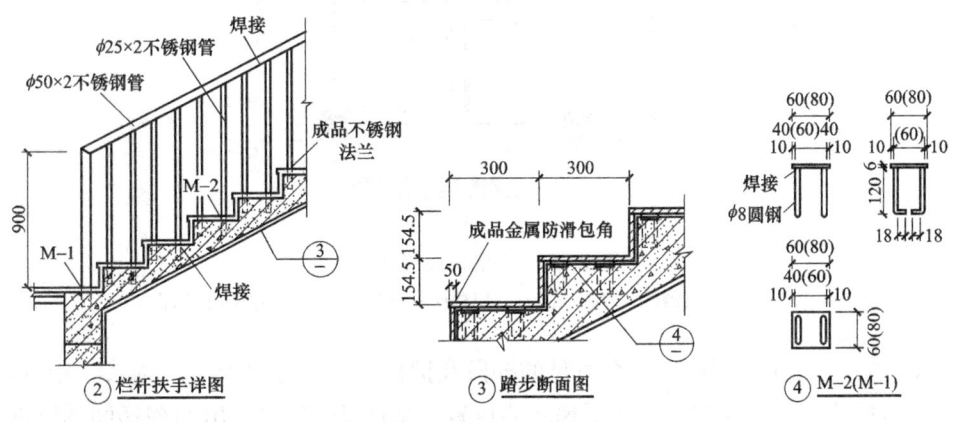

图 2-28　某宿舍楼楼梯踏步、栏杆、扶手详图

　　⑤ 预埋件详图用三面投影图表示出了预埋件的具体形状、尺寸、做法，括号内表示的是预埋件 M-1 的尺寸。

　　（3）某培训楼楼梯详图。某培训楼楼梯详图如图 2-29 ~ 图 2-31 所示，识读步骤如下。

　　1）楼梯平面图。

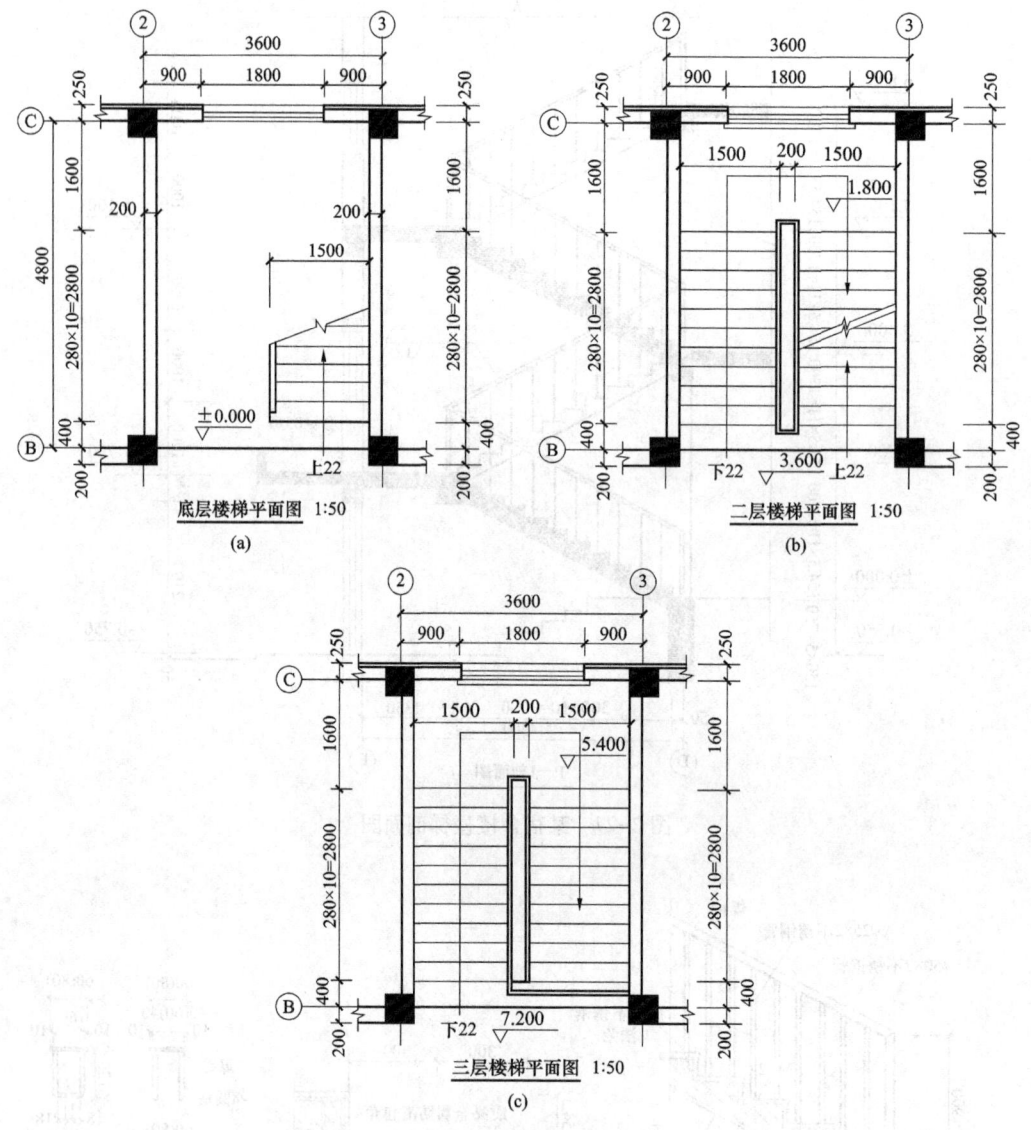

图 2-29　某培训楼楼梯平面图

（a）一层楼梯平面图；（b）二层楼梯平面图；（c）三层楼梯平面图

① 底层楼梯平面图中有一个可见的梯段及护栏，并注有"上"字箭头。根据定位轴线的编号可从一层平面图中可知楼梯间的位置。从图 2-29 中标出的楼梯间的轴线尺寸，可知该楼梯间的宽为 3600mm，深为 4800mm；外墙厚度为 250mm，窗洞宽度为 1800mm，内墙厚 200mm。该楼梯为两跑楼梯，图 2-29 中注有上行方向的箭头。

② "上 22" 表示由底层楼面到二层楼面的总踏步数为 22。

③ "280×10＝2800" 表示该梯段有 10 个踏面，每个踏面宽 280mm，梯段水平投影 2800mm。

④ 地面标高±0.000m。

⑤ 二层平面图中有两个可见的梯段及护栏，因此平面图中既有上行梯段，又有下行梯段。注有"上 22"的箭头，表示从二层楼面往上走 22 级踏步可到达三层楼面；注有"下 22"的箭头，表示往下走 22 级踏步可到达底层楼面。

⑥ 因梯段最高一级踏面与平台面或楼面重合，因此平面图中每一梯段画出的踏面数比步级数少一格。

⑦ 由于剖切平面在护栏上方，所以顶层平面图中画有两段完整的梯段和楼梯平台，并只在梯口处标注一个下行的长箭头。下行 22 级踏步可到达二层楼面。

2）楼梯剖面图。

① 从图 2-30 中可知，该楼梯为现浇钢筋混凝土楼梯，双跑式。

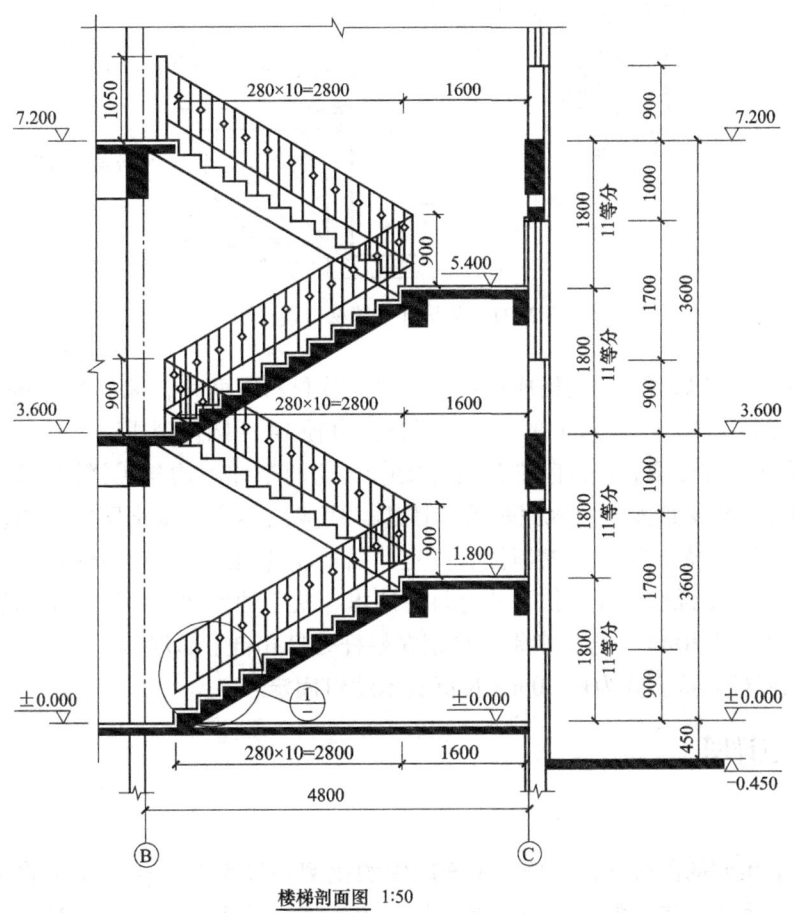

楼梯剖面图 1:50

图 2-30　某培训楼楼梯剖面图

② 从楼层标高和定位轴线间的距离可知，该楼层高 3600mm，楼梯间进深为 4800mm。

③ 楼梯栏杆端部有索引符号，详图与楼梯剖面图在同一图纸上，详图为①图。被剖梯段的踏步数可从图中直接看出，未剖梯段的踏步级数，未被遮挡也可直接看到，高度尺寸上已标出该段的踏步级数。

④ 如第一梯段的高度尺寸 1800，该高度 11 等分，表示该梯段为 11 级，每个梯段的踢面高 163.64mm，整跑梯段的垂直高度为 1800mm。栏杆高度尺寸是从楼面量至扶手顶面为 900mm。

3）楼梯节点详图。

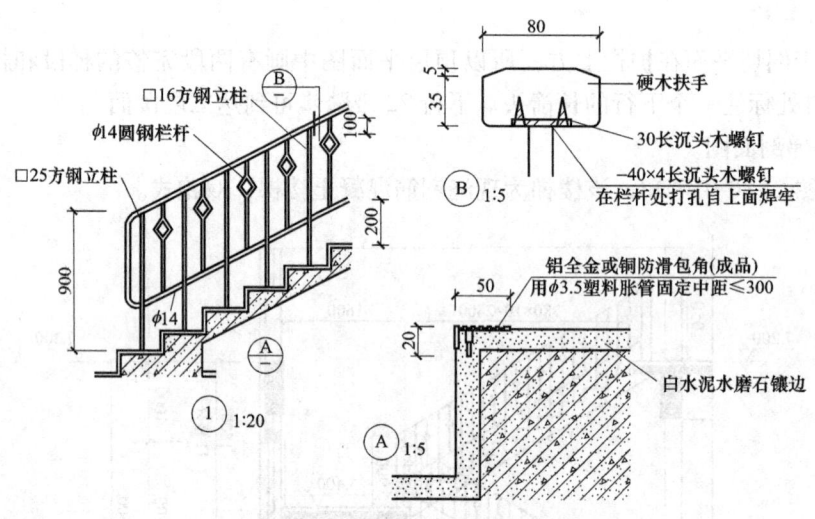

图 2-31　某培训楼楼梯节点详图

① 从图中可以知道栏杆的构成材料，其中立柱材料有两种，端部为 25mm×25mm 的方钢，中间立柱为 16mm×16mm 的方钢，栏杆由直径 14 的圆钢制成。

② 扶手部位有详图Ⓑ，台阶部位有详图Ⓐ，这两个详图均与①详图在同一图纸上。Ⓐ详图主要说明楼梯踏面为白水泥水磨石镶边，用成品铝合金或铜防滑包角，包角尺寸已给出，包角用直径 3.5mm 的塑料涨管固定，两根涨管间距不大于 300mm。

③ Ⓑ详图主要说明栏杆的扶手的材料为硬木，扶手的尺寸，以及扶手和栏杆连接的方法，栏杆顶部设 40×4 的通长扁钢，扁钢在栏杆处打孔自上面焊牢。

④ 手和栏杆连接方式为用 30mm 长沉头木螺钉固定。

三、厨卫详图

1. 概述

厨房、卫生间的部分在建筑施工平面图中的比例一般为 1∶100，不能将房间内的布局，如蹲位的大小、隔断的尺寸及位置、排气道、拖布池等有关的构件显示详细，重新按照放大的比例画出来的建筑图纸，称为厨卫大样图，如图 3-33 及图 3-34 所示。

2. 内容

（1）了解建筑物的厕所、盥洗室、浴室的布置。

（2）了解卫生设备配置的数量规定，卫生用房的布置要求。

（3）了解卫生设备间距的规定。

3. 识图

（1）首先注意厨卫大样图的比例选用。

（2）注意轴线位置及轴线间距。

（3）了解各项卫生设备的布置。

（4）了解标高及坡度。

4. 范例

（1）某住宅小区厨卫大样图。某住宅小区厨卫大样图如图 2-32 所示，识读步骤如下。

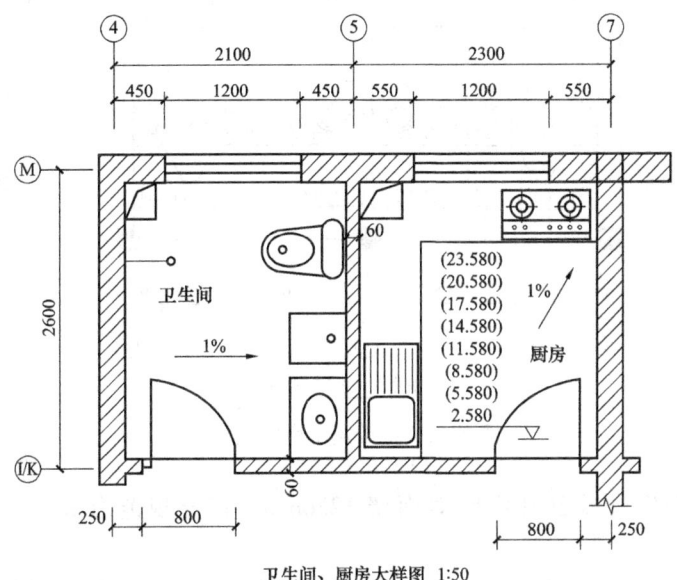

卫生间、厨房大样图 1:50

图 2-32　某住宅小区厨卫大样图

1）位于左侧的是卫生间，门宽为 800mm，距④轴线间距为 250mm，轴线上的窗宽为 1200mm，在④与⑤轴线间居中布置，房间内进门沿⑤轴线依次布置的有洗脸盆、拖布池、坐便，对面沿④轴布置的有淋浴喷头，在④轴和轴交角的位置是卫生间排气道，可选用图集 2000YJ205 的做法。

2）位于右侧的是厨房，门宽为 800mm，距⑦轴线间距为 250mm，窗宽为 1200mm，在⑤与⑦轴线间居中布置，房间内进门沿⑤轴线布置的有洗菜池，在轴与⑦交角的位置布置煤气灶，对面沿⑤轴和轴交角的位置是厨房排烟道，排烟道根据建筑层数及其功能也可选用图集 2000YJ205 的做法。

（2）某公寓卫生间大样图。某公寓卫生间大样图如图 2-33 所示，识读步骤如下。

1）卫生间隔间的宽为 900mm，深为 1200mm，符合规范隔间平面的尺寸要求。

2）第一具洗脸盆距侧墙净距 550mm，符合规范第一具洗脸盆距侧墙净距不应小于 0.55m 的要求。

3）洗脸盆间的间距为 700mm，符合规范有关不应小于 0.70m 的要求。

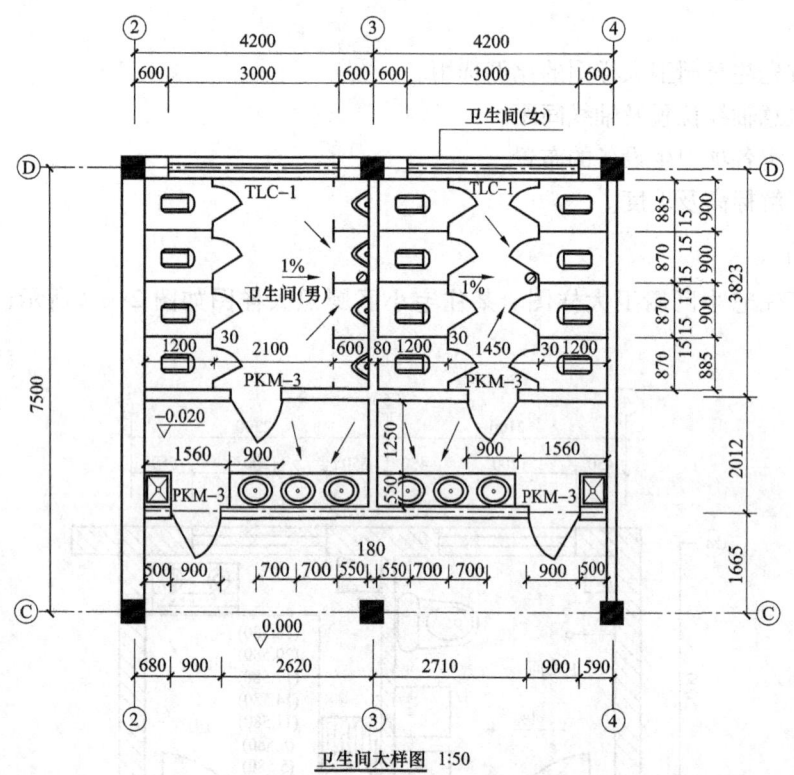

卫生间大样图 1:50

图 2-33 某公寓卫生间大样图

4）卫生间前室洗脸盆外沿距对面墙 1250mm，符合规范有关不应小于 1.25m 的要求。

5）男卫生间隔间至小便器间的挡板阀的距离为 2100mm，符合规范单侧所隔间至对面小便器外沿净距外开门不应小于 1.3m 的要求。

6）女卫生间两隔间的距离为 1560mm，符合规范不应小于 1.30m 的要求。

7）卫生间地面符合规范厕所地面标高应略低于走道标高，并应有大于或等于 0.5% 的坡度向地漏或水沟，卫生间地面 -0.020m 略低于 ±0.000m，有 1% 的坡度向地漏。

四、门窗详图

1. 概述

门窗构造图有国家标准图集，在各地区也有相应的通用图供选用。建筑施工图中所用的门窗，如果采用标准的形式，可以直接选用相应的图集，如图 3-35 及图 3-36 所示。

图集中有常用的样式，各种规格和材料的门窗可以直接选用，选用时，应标明图集的代号、选用的图集页码和具体节点。

2. 内容

在门窗详图中，应有门窗的立面图，平开的门窗在图中用细斜线画出门、窗扇的开启方向符号（两斜线的交点表示装门窗扇铰链的一侧，斜线为实线时表示向外开，为虚线时表示向内开）。门、窗立面图规定画它们的外立面图。

立面图上标注的尺寸，第一道是窗框的外沿尺寸（有时还注上窗扇尺寸），最外一道是洞口尺寸，也就是平面图、剖面图上所注的尺寸。

门窗详图中都画有不同部位的局部剖面详图，以表示门、窗框和四周的构造关系。

3. 识图

（1）了解图名、比例。

（2）通过立面图与局部断面图，了解不同部位材料的形状、尺寸和一些五金配件及其相互间的构造关系。

（3）详图索引符号如中的粗实线表示剖切位置，细的引出线是表示剖视方向，引出线在粗线之左，表示向左观看；同理，引出线在粗线之下，表示向下观看，一般情况，水平剖切的观看方向相当于平面图，竖直剖切的观看方向相当于左侧面图。

4. 范例

（1）某会议厅木窗详图。某会议厅木窗详图如图 2-34 所示，识读步骤如下。

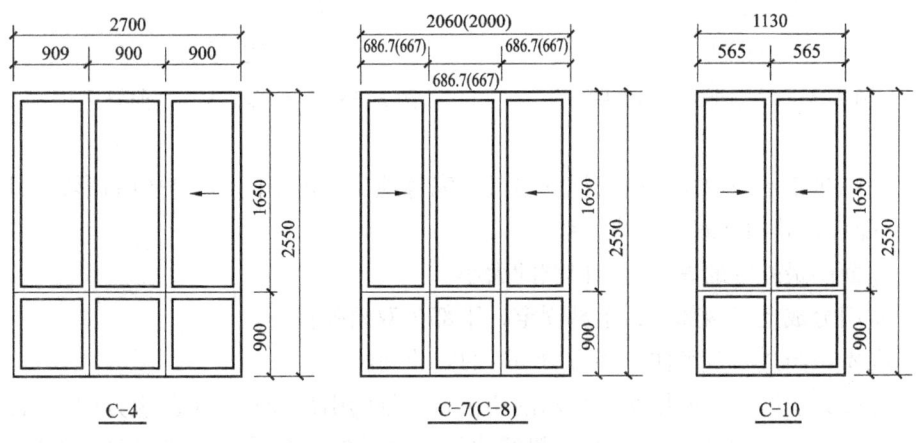

图 2-34　某会议厅木窗详图

1）该会议厅木窗详图中，列举的窗户型号分别为 C-4、C-7（C-8）、C-10。

2）C-4 总高 2550mm，上下分为两部分，上半部分高 1650mm，下半部分高 900mm，横向总宽为 2700mm，分为三个相等的部分，每部分宽 900mm。

3）C-7（C-8）总高 2550mm，上下分为两部分，上半部分高 1650mm，下半部分高 900mm，横向总宽为 2060mm 和 2000mm，分为三个相等的部分，每部分宽 686.7mm 和 667mm。

4）C-10 的竖向分格和前面两个一样，都是 2550mm，上下分为两部分，只是横向较窄，总宽 1130mm，分两部分，每格 565mm。

（2）某咖啡馆木门详图。某咖啡馆木门详图如图 2-35 和图 2-36 所示，识读步骤如下。

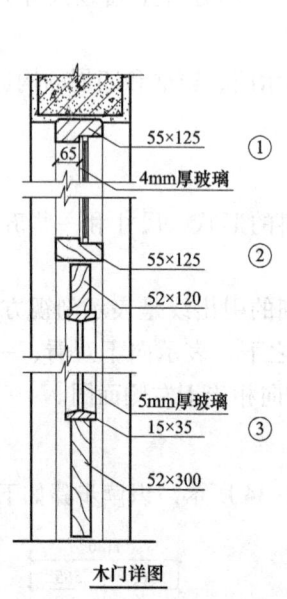

木门详图

图 2-35　某咖啡馆木门详图

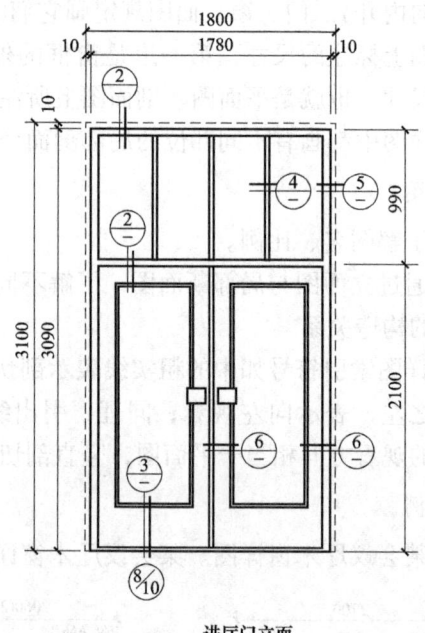

进厅门立面

图 2-36　某咖啡馆木门立面图

1）该咖啡馆木门由立面图与详图组成，完整地表达出不同部位材料的形状、尺寸和一些五金配件及其相互间的构造关系。

2）立面图最外围的虚线表示门洞的大小。

3）木门分成上下两部分，上部固定，下部为双扇弹簧门。

4）在木门与过梁及墙体之间有 10mm 的安装间隙。

5）详图索引符号中的粗实线表示剖切位置，细的引出线是表示剖视方向，引出线在粗线之左，表示向左观看。引出线在粗线之下，表示向下观看，一般情况，水平剖切的观看方向相当于平面图，竖直剖切的观看方向相当于左侧面图。

五、墙身详图

1. 概述

外墙节点详图的形成原理与剖面图相同。外墙详图就是几个节点详图的组合，在绘制外墙详图时，一般在门窗洞口中间用折断线断开，如图 3-37~图 3-39 所示。

墙身详图实质上是建筑剖面图中外墙墙身部分的局部放大图。它主要反映墙身各部位的详细构造、材料、做法及详细尺寸，同时也注明了各部位的标高和详图索引符号。墙身详图与平面图配合，是砌墙、室内外装修、门窗安装、施工预算编制以及材料估算的重要依据。

2. 内容

外墙详图是建筑详图的一种，通常采用的比例为 1∶20。编制图名时，表示的是哪部分的详图，就命名为××详图。外墙详图的标识与基本图的标识相一致。外墙详图要与平面图中的剖切符号或立面图上的索引符号所在位置、剖切方向以及轴线相一致。标明外墙的厚度及其与轴线的关系。轴线是在墙体正中间布置还是偏心布置，以及墙体在某些位置的凸凹变化，都应该在详图中标注清楚，包括墙的轴线编号、墙的厚度及其与轴线的关系、所剖切墙身的轴线编号等。

如果一个外墙详图适用于几个轴线时，应同时注明各有关轴线的编号。通用轴线的定位轴线应只画圆圈，不注写编号。轴线端部圆圈的直径在详图中为 10mm。标明室内外地面处的节点构造。该节点包括基础墙厚度、室内外地面标高以及室内地面、踢脚或墙裙，室外勒脚、散水或明沟、台阶或坡道，墙身防潮层及首层内外窗台的做法等。标明楼层处的节点构造，各层楼板等构件的位置及其与墙身的关系，楼板进墙、靠墙及其支承等情况。楼层处的节点构造是指从下一层门或窗过梁到本层窗台的部分，包括门窗过梁、雨篷、遮阳板、楼板及楼面标高，圈梁、阳台板及阳台栏杆或栏板、楼面、室内踢脚或墙裙、楼层内外窗台、窗帘盒或窗帘杆，顶棚或吊顶、内外墙面做法等。当几个楼层节点完全相同时，可以用一个图纸同时标出几个楼面标高来表示。表明屋顶檐口处的节点构造是指从顶层窗过梁到檐口或女儿墙上皮的部分，包括窗过梁、窗帘盒或窗帘杆、遮阳板、顶层楼板或屋架、圈梁、屋面、顶棚或吊顶、檐口或女儿墙、屋面排水天沟、下水口、雨水斗和雨水管等。多层次构造的共用引出线，应通过被引出的各层。文字说明宜用 5 号或 7 号字注写在横线的上方或端部，说明的顺序由上至下，并与被说明的层次相一致。如层次为横向排列，则由上至下的说明顺序应与由左至右的层次相一致。

尺寸与标高标注。外墙详图上的尺寸和标高的标注方法与立面图和剖面图的标注方法相同。此外，还应标注挑出构件（如雨篷、挑檐板等）挑出长度的细部尺寸和挑出构件的下皮标高。尺寸标注要标明门窗洞口、底层窗下墙、窗间墙、檐口、女儿墙等的高度；标高标注要标明室内外地坪、防潮层、门窗洞的上下口、檐口、墙顶及各层楼面、屋面的标高。立面装修和墙身防水、防潮要求包括墙体各部位的窗台、窗楣、檐口、勒脚、散水等的尺寸、材料和做法，用引出线加以说明。文字说明和索引符号。对于不易表示得更为详细的细部做法，注有文字说明或索引符号，说明另有详图表示。

3. 识图

（1）了解图名、比例。

（2）了解墙体的厚度及其所属的定位轴线。

（3）了解屋面、楼面、地面的构造层次和做法。

（4）了解各部位的标高、高度方向的尺寸和墙身的细部尺寸。

（5）了解各层梁（过梁或圈梁）、板、窗台的位置及其与墙身的关系。

（6）了解檐口、墙身防水、防潮层处的构造做法。

4. 范例

（1）某办公楼外墙身详图。某办公楼外墙身详图如图 2-37 所示，识读步骤如下。

1）该图为某办公楼外墙墙身详图，比例为 1∶20。

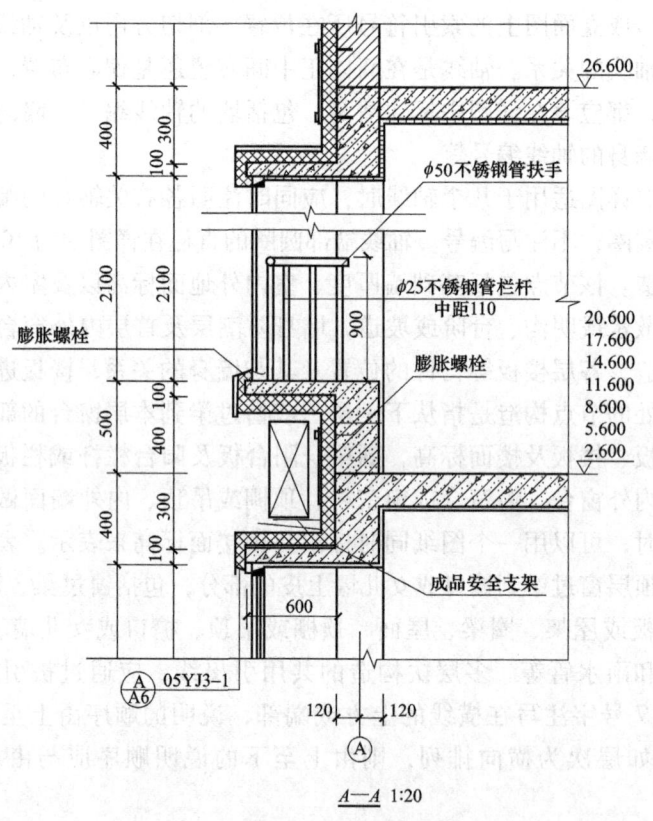

图 2-37 某办公楼外墙身详图

2）该办公楼外墙墙身详图适用于轴线上的墙身剖面，砖墙的厚度为 240mm，居中布置（以定位轴线为中心，其外侧为 120mm，内侧也为 120mm）。

3）楼面、屋面均为现浇钢筋混凝土楼板构造。各构造层次的厚度、材料及做法，详见构造引出线上的文字说明。

4）墙身详图应标注室内外地面、各层楼面、屋面、窗台、圈梁或过梁以及檐口等处的标高。同时，还应标注窗台、檐口等部位的高度尺寸和细部尺寸。在详图中，应画出抹灰和装饰构造线，并画出相应的材料图例。

5）由墙身详图可知，窗过梁为现浇的钢筋混凝土梁，门过梁由圈梁（沿房屋四周的外墙水平设置的连续封闭的钢筋混凝土梁）代替，楼板为现浇板，窗框位置在定位轴线处。

6）从墙身详图中檐口处的索引符号，可以查出檐口的细部构造做法，把握好墙角防潮层处的做法、材料和女儿墙上防水卷材与墙身交接处泛水的做法。

（2）某住宅小区外墙身详图。某住宅小区外墙身详图如图 2-38 所示，识读步骤如下。

1）图 2-38 为某住宅小区外墙墙身的详图，比例为 1∶20。

2）图中表示出正门处台阶的形式，台阶下部的处理方法，台阶顶面向外侧设置了

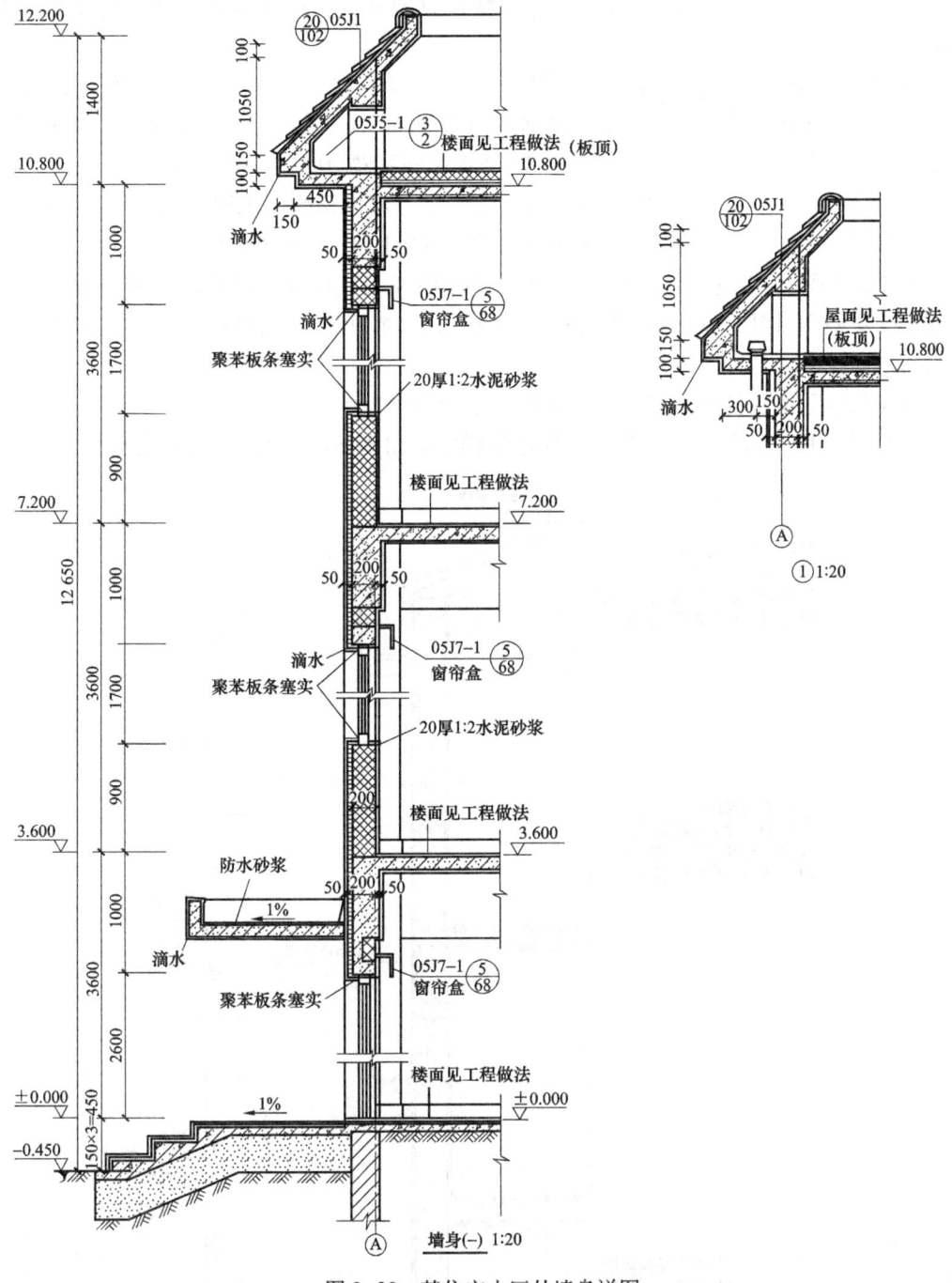

图 2-38　某住宅小区外墙身详图

1%的排水坡，防止雨水进入大厅。

3）正门顶部有雨篷，雨篷的排水坡为1%，雨篷上用防水砂浆抹面。

4）正门门顶部位用聚苯板条塞实。

5）一层楼面为现浇混凝土结构，做法见工程做法。

6）从图 2-38 中可知该楼房二、三楼楼面也为现浇混凝土结构，楼面做法见工程做法。

7）外墙面最外层设置隔热层，窗台下外墙部分为加气混凝土墙，此部分墙厚200mm，窗台顶部设置矩形窗过梁，楼面下设 250mm 厚混凝土梁，窗过梁上面至混凝土梁之间用加气混凝土墙，外墙内面用厚 1：2 水泥砂浆做 20mm 厚的抹面。

8）窗框和窗扇的形状和尺寸需另用详图表示，窗顶窗底施工时均用聚苯板条塞实，窗顶设有滴水，室内窗帘盒做法需查找通用图 05J7-1 第 68 页 5 详图。

9）檐口部分，从①～⑥立面图可知屋顶侧墙铺设屋面瓦，具体施工方法见通用图05J1 第 102 页 20 详图。檐口外挑宽度为 600mm，雨水管处另有详图①，雨水沿雨水管集中流到地面。

10）雨水管的位置和数量可从立面图或平面图中查到。

（3）某厂房外墙身详图。某厂房外墙身详图如图 2-39 所示，识读步骤如下。

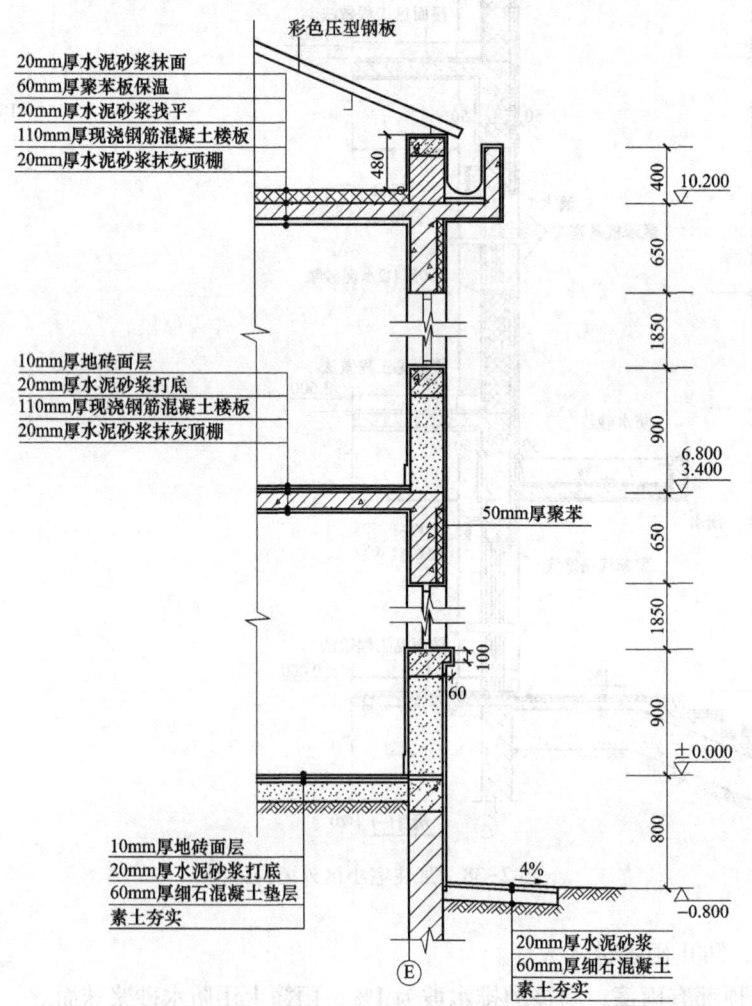

图 2-39　某厂房外墙身详图

1）图 2-39 为某厂房外墙墙身详图，比例为 1：20。

2）该厂房外墙墙身详图由 3 个节点构成的，从图中可以看出，基础墙为普通砖砌成，上部墙体为加气混凝土砌块砌成。

3）在室内地面处有基础圈梁，在窗台上也有圈梁，一层的窗台的圈梁上部突出墙面 60mm，突出部分高 100mm。

4）室外地坪标高 -0.800m，室内地坪标高 ±0.000m。窗台高 900mm，窗户高 1850mm，窗户上部的梁与楼板是一体的，到屋顶与挑檐也构成一个整体，由于梁的尺寸比墙体小，在外面又贴了厚 50mm 的聚苯板，可以起到保温的作用。

5）室外散水、室内地面、楼面、屋面的做法是采用分层标注的形式表示的，当构件有多个层次构造时就采用此法表示。